杰出电工系列丛书

全面图解小家电维修

王学屯　编著

电子工业出版社·

Publishing House of Electronics Industry

北京·BEIJING

内 容 简 介

本书为"杰出电工系列丛书"之一,不仅对小家电维修的基础知识进行了介绍,还重点介绍了电饭锅、音响、电磁炉、电风扇、洗衣机、食品加工机、饮水机和微波炉等小家电的原理和检修方法。

本书介绍的新产品、新内容较多,实用性较强,且原理详细、电路新颖、插图精美、资料珍贵、通俗实用,基本上避免了烦琐的理论讲述。编排上真正体现了图文并茂,重视语言的简练与朴实,在配置的精美图片上清晰地标注有操作步骤或提示,使读者可以边看、边练、边模仿。

本书适合农村电工、各种技能培训、家电售后人员或家电维修人员学习使用,也可作为职业院校或相关技能培训机构的培训教材。

图书在版编目(CIP)数据

全面图解小家电维修/王学屯编著. —北京:电子工业出版社,2019.7
(杰出电工系列丛书)
ISBN 978-7-121-36642-0

Ⅰ. ①全… Ⅱ. ①王… Ⅲ. ①日用电气器具－维修－图解 Ⅳ. ①TM925.07-64

中国版本图书馆 CIP 数据核字(2019)第 100581 号

策划编辑:李树林
责任编辑:赵 娜
印 刷:北京天宇星印刷厂
装 订:北京天宇星印刷厂
出版发行:电子工业出版社
　　　　 北京市海淀区万寿路 173 信箱　邮编 100036
开 本:787×1 092　1/16　印张:15　字数:384 千字
版 次:2019 年 7 月第 1 版
印 次:2024 年 1 月第 5 次印刷
定 价:59.00 元

凡所购买电子工业出版社图书有缺损问题,请向购买书店调换。若书店售缺,请与本社发行部联系,联系及邮购电话:(010)88254888,88258888。

质量投诉请发邮件至 zlts@phei.com.cn,盗版侵权举报请发邮件至 dbqq@phei.com.cn。

本书咨询和投稿联系方式:010-88254463,lisl@phei.com.cn。

FOREWORD 前言

小家电以替代日常生活中的一些手工操作为主，是人们物质生活大幅提升的产物，是一种现代生活品位的象征。

在"更小、更快、更安全"核心理念的指导下，人性化、个性化、智能化、时尚化、环保及节能的小家电产品应运而生，并且在现代快节奏的家庭生活中扮演着越来越重要的角色。人们也因此从烦琐的家务中解脱出来，可以轻松品味生活、体验时尚。小家电最大的特色是情趣、时尚、健康、实用，注重产品的新、奇、特，讲究产品的造型和外观色彩、图案的新颖个性。剃须刀、按摩器、迷你洗衣机、迷你冰箱、迷你音响、咖啡机、擦鞋机、早餐机……不同的对象有不同的选择，小家电无疑在电子产品市场上唱起了主角。

随着小家电的普及，维修量也日益加大，但由于维修人员对小家电这一新兴的家电产品还不够熟悉，加上一些厂家对资料的保密，使得维修人员感到维修小家电困难重重，迫切需要掌握这方面的维修基础知识。

本书从实际操作的角度出发，以"打造轻松的学习环境，精炼简易的图解方式"为目标。以简练的文字+精美的图片+现场操练的方式有机地结合理论和实践。具体地说，本书有以下特点：

（1）全程图表解析，形式直观清晰，一目了然；

（2）全程维修实战，直指故障现象，对症下药；

（3）机型常用，故障类型丰富，随查随用。

本书为"杰出电工系列丛书"之一，全书共 12 章，主要内容如下。

第 1 章　主要介绍指针式万用表的使用方法和使用万用表检测故障电路。深入了解这些基础知识，就可使维修达到事半功倍的效果。

第 2 章　主要介绍三端稳压器、单片机、集成运放、电热器件、电动器件等的识别与检测。本章起点低，但是维修中的重中之重。

第 3 章　主要介绍电饭锅分类、结构、主要元器件、整机的拆卸等，详细地分析了机械式和电子式电饭锅的工作原理与检修。

第 4 章　主要介绍功放分类、基本组成、电路形式、功放保护电路、功放原理与检修等。

第 5 章　主要介绍电磁炉方框图、分类、基本结构、维修电磁炉特有工具及检修方法等，详细地分析了艾美特电磁炉的工作原理和实战检修。

第 6 章　主要介绍电风扇的类型及型号，台扇类电扇的结构，普通和遥控电扇电路的原理与检修等。同时，也介绍了电热丝型暖风扇的工作原理与检修。

第 7 章　主要介绍洗衣机种类、型号含义、洗涤原理，普通波轮洗衣机结构、工作原理与检修等。

第 8 章　主要介绍豆浆机的结构组成、九阳 JYDZ-8 豆浆机工作原理与检修，同时也介绍了榨汁机的工作原理与检修、九阳 JYS-A800 绞肉机的工作原理与检修等。

第 9 章　主要介绍了电热饮水机的分类、结构，普通温热型和电脑控制饮水机工作原理与检修；电热水器的分类、结构，温控器控制和电子控制电热水器的工作原理与故障检修等。

第 10 章　主要介绍了微波炉的分类与命名、结构，普及型和电脑型微波炉的工作原理与常见故障的检修等。

第 11 章　其他小家电。主要介绍按摩器的分类、按摩器的原理及检修；吸尘器的工作原理与检修等。

第 12 章　图纸资料。主要介绍了常见的部分机型整机图纸，充分利用这些宝贵的检修资料可大大提高工作效率。

本书适合农村电工、各种技能培训、家电售后人员或家电维修人员学习使用，也可作为职业院校或相关技能培训机构的培训教材。

全书主要由王学屯编写，参加编写的还有高选梅、王嫛敏、刘军朝等。在本书的编写过程中参考了大量的文献，书后参考文献中只列出了其中一部分，在此对这些文献的作者深表谢意！

由于编者水平有限，且时间仓促，本书难免有错误和不妥之处，恳请各位读者批评指正，以便使之日臻完善，在此表示感谢。

编著者

CONTENTS 目录

第①章

全面掌握万用表的使用技巧

1.1 全面掌握指针式万用表的使用方法

1.1.1 MF47 型万用表的结构

MF47 型万用表的结构如图 1-1 所示。该表可用于测量直流电流、交直流电压、直流电阻等，具有 26 个基本量程和电平、电容、电感、三极管直流参数等 7 个附加参考量程。正面上部是微安表，中间有一个机械调零旋钮，用来校正指针左端的零位。下部为操作面板，面板中央为量程选择开关，右上角为欧姆调零旋钮，右下角有 2500V 交直流电压和直流 10A 专用插孔，左上角有三极管静态直流放大系数检测装置，左下角有正（红）、负（黑）表笔插孔。

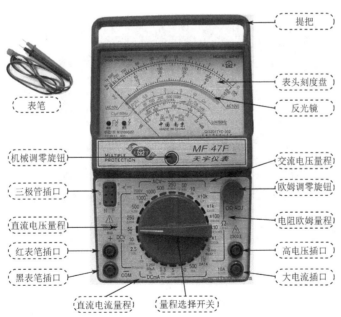

图 1-1　MF47 型万用表的结构

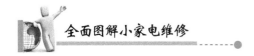

1.1.2 现场操作 1——正确识读刻度盘

1. MF47 型万用表刻度盘

MF47 型万用表刻度盘如图 1-2 所示。

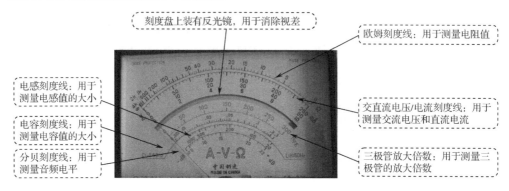

图 1-2　MF47 型万用表刻度盘

2. 刻度盘读数示例

刻度盘读数示例如图 1-3 所示。

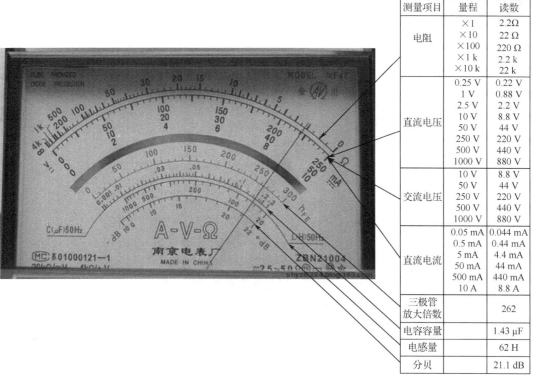

测量项目	量程	读数
电阻	×1	2.2Ω
	×10	22 Ω
	×100	220 Ω
	×1 k	2.2 k
	×10 k	22 k
直流电压	0.25 V	0.22 V
	1 V	0.88 V
	2.5 V	2.2 V
	10 V	8.8 V
	50 V	44 V
	250 V	220 V
	500 V	440 V
	1000 V	880 V
交流电压	10 V	8.8 V
	50 V	44 V
	250 V	220 V
	500 V	440 V
	1000 V	880 V
直流电流	0.05 mA	0.044 mA
	0.5 mA	0.44 mA
	5 mA	4.4 mA
	50 mA	44 mA
	500 mA	440 mA
	10 A	8.8 A
三极管放大倍数		262
电容容量		1.43 μF
电感量		62 H
分贝		21.1 dB

图 1-3　刻度盘读数示例

1.1.3　现场操作2——测量电阻

指针表测量电阻的正确方法分为三大步：选量程再校零，读数并乘倍率。

第一步：选择量程。

欧姆刻度线是不均匀分布的（非线性），为减小误差，提高精确度，应合理选择量程，使指针指在刻度线的 1/3～2/3 处。测量电阻选择量程如图 1-4 所示。

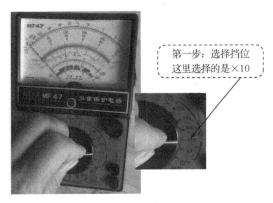

第一步：选择挡位
这里选择的是×10

图 1-4　测电阻选择量程

第二步：欧姆调零。

欧姆调零如图 1-5 所示。选择量程后，应将两表笔短接，同时调节"欧姆调零旋钮"，使指针正好指在欧姆刻度线右边的零位置。若指针调不到零位，可能是电池电压不足或其内部有问题。每选择一次量程，都要重新进行欧姆调零。

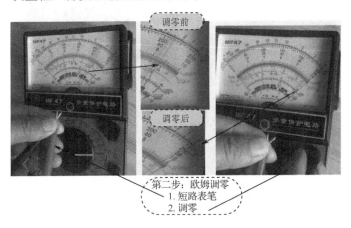

调零前

调零后

第二步：欧姆调零
1. 短路表笔
2. 调零

图 1-5　欧姆调零

第三步：测量电阻并读数。

测量时，待表针停稳后读取读数，然后乘以倍率，就是所测的电阻值。测量电阻并读数，如图 1-6 所示。

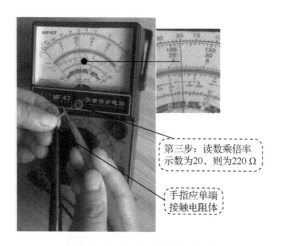

第三步：读数乘倍率
示数为20，则为220 Ω

手指应单端
接触电阻体

图 1-6　测量电阻并读数

1.1.4　现场操作 3——测量直流电压

1. 选择量程

测量直流电压选择量程如图 1-7 所示。万用表直流电压挡标有"V"，通常有 2.5V、10V、50V、250V、500V 等不同量程，选择量程时应根据电路中的电压大小而定。若不知电压大小，则应先用最高电压挡量程，然后逐渐减小到合适的电压挡。

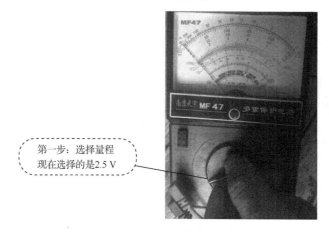

第一步：选择量程
现在选择的是2.5 V

图 1-7　测量直流电压选择量程

2. 测量方法

测量直流电压的方法如图 1-8 所示。将万用表与被测电路并联，且红表笔接被测电路的正极（高电位），黑表笔接被测电路的负极（低电位）。

3. 正确读数

待表针稳定后，仔细观察刻度盘，找到相对应的刻度线，正视刻度线读出被测电压值。正确读数方法如图 1-8 所示。

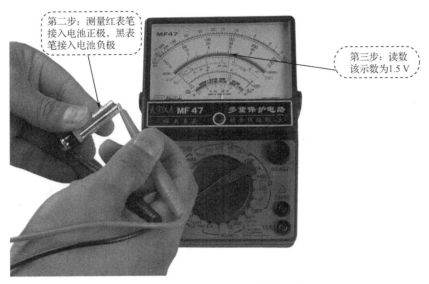

第二步：测量红表笔
接入电池正极，黑表
笔接入电池负极

第三步：读数
该示数为1.5 V

图1-8 测量直流电压和读数的方法

1.1.5 现场操作4——测量交流电压

测量交流电压如图1-9所示。

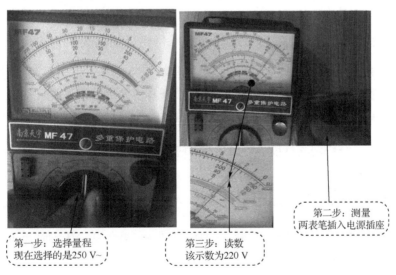

第一步：选择量程
现在选择的是250 V～

第三步：读数
该示数为220 V

第二步：测量
两表笔插入电源插座

图1-9 测量交流电压示意图

　　交流电压的测量与上述直流电压的测量相似，不同之处为：交流电压挡标有"～"通常有10V、50V、250V、500V等不同量程；测量时，不用区分红黑表笔，只要并联在被测电路两端即可。

1.1.6 现场操作5——测量直流电流

测量直流电流的方法如图1-10所示。

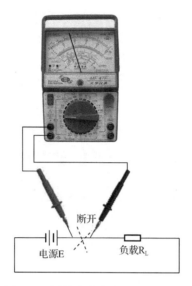

图 1-10　测量直流电流的方法示意图

1. 选量程

万用表直流电流挡标有"mA"，通常有 1mA、10mA、100mA、500mA 等不同量程，选择量程时应根据电路中的电流大小而定。若不知道电流大小，则应首先用最高电流挡量程，然后逐渐减小到合适的电流挡。

2. 测量方法

将万用表与被测电路串联。应将电路相应部分断开后，将万用表表笔串联接在断点的两端。红表笔接在和电源正极相连的断点，黑表笔接在和电源负极相连的断点。

3. 正确读数

待表针稳定后，仔细观察标度盘，找到相对应的刻度线，正视刻度线，读出被测电流值。

1.2　使用万用表检测故障电路

为了很好地讲解使用万用表检测故障电路的具体步骤和方法，本书首先引入一个小家电中的常用电源电路，如图 1-11 所示。

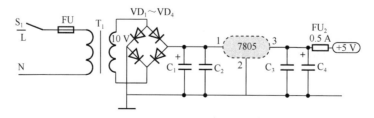

图 1-11　小家电中的常用电源电路

220V 市电经熔断器 FU 送至降压变压器 T_1 的初级，由初级的交变磁场传递到次级，次级得到 10V 左右的低压交流电压，该低压经整流桥 VD_1～VD_4 整流后得到低压直流电，经电容 C_1 滤波、C_2 高频旁路送至三端稳压器 7805 的 1 脚输入，经其稳压后从 7805 的 3 脚输出，经电容 C_3 滤波、C_4 高频旁路得到+5V 的直流电压。

常用电源电路的实物如图 1-12 所示。接下来，本章中的现场操作都是以此原理图为例的。

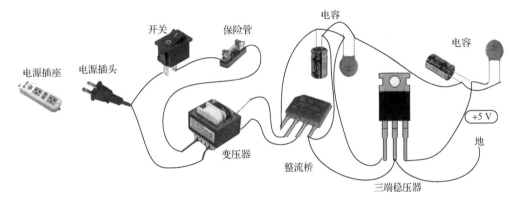

图 1-12　常用电源电路的实物图

1.2.1　现场操作 6——电压法检测故障电路

电压法是检查、判断小家电故障时应用较多的方法之一，它通过测量电路主要端点的电压和元器件的工作电压，并与正常值对比分析，即可得出故障判断的结论。按所测电压的性质不同，电压法常有直流电压法和交流电压法两种。

所谓关键测试点电压，是指对判断电路工作是否正常具有决定性作用的那些点的电压。通过对这些点电压的测量，便可很快地判断出故障的部位，是缩小故障范围的主要手段。

故障现象：没有+5V 电压输出。

故障分析：主要故障常有电源供电不正常（停电或插座损坏、接触不良等），开关不能闭合或损坏，熔断器烧毁或熔断器座损坏（或接触不良），线路有断路或短路现象，整流桥损坏，电容电解击穿，等等。

故障检修方法：关键点交流电压法，关键点直流电压法。当然也可以采用其他方法，这里主要说明电压法的具体应用。

关键点交流电压法检测故障电路测试图如图 1-13 所示。

第一步：万用表选择 250V 的交流挡，测量电源插座是否有 220V 市电。有正常电压，表明供电电压正常，否则说明供电异常。

第二步：万用表选择 250V 的交流挡，测量开关输入端❷与变压器初级❸两端的电压，正常电压值是 220V。有正常电压，表明电源插头及这部分线路正常，否则说明电源插头及这部分线路有断路现象。

第三步：万用表选择 250V 的交流挡，闭合开关 S_1，测量开关输出端❹与变压器初级❸两端的电压，正常电压值是 220V。有正常电压，说明开关正常，否则说明开关损坏或这部分线路有断路或开关有接触不良现象等。

若上述电压正常，则继续测量下一个关键点电压。一表笔不动继续接变压器初级❸，另一表笔接变压器❺脚，正常电压值是 220V。有正常电压，说明熔断器正常，否则说明熔断器烧毁或这部分线路有断路或熔断器座有接触不良现象等。若熔断器烧毁，则要排查电路是否有短路现象，然后再更换熔断器。

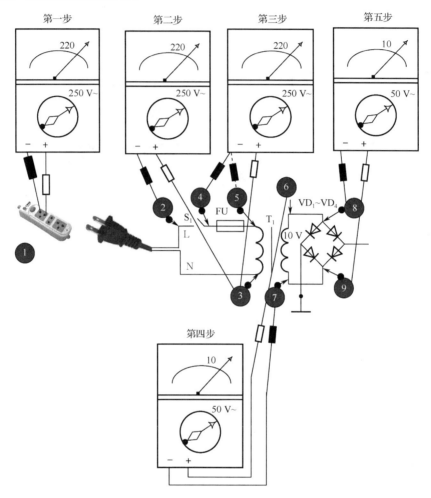

图 1-13　关键点交流电压法检测故障电路测试图

第四步：万用表选择 50V 的交流挡，在开关 S₁ 闭合的情况下，测量变压器次级❻、❼两端的电压，正常电压值是 10V。有正常电压，说明变压器正常，否则说明变压器初级或次级有短路现象，或这部分线路有断路现象等。

第五步：万用表选择 50V 的交流挡，在开关 S₁ 闭合情况下，测量整流桥❽、❾两端的电压，正常电压值是 10V。有正常电压，说明整流桥已经有输入电压，否则说明这部分线路有断路现象等。

关键点直流电压法检测故障电路测试如图 1-14 所示。

测量前需要知道如下几个关键点的直流电压。

（1）整流桥整流后的直流电压（不带滤波电容）为：$V_O=0.9V_I=10\times0.9=9$（V）。

（2）整流桥整流、滤波后的直流电压（带滤波电容）为：$V_O=1.2V_I=10\times1.2=12$（V）。

（3）7805 三端稳压器的输出电压为 5V。

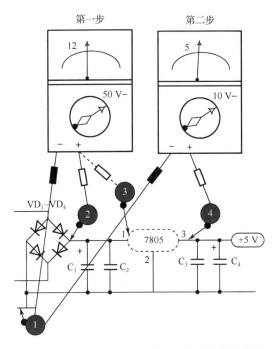

图 1-14　关键点直流电压法检测故障电路测试图

第一步：万用表选择 50V 的直流挡，测量整流桥输出❶、❷点电压是否有 12V 直流电。有正常电压，表明整流桥正常，否则说明整流桥有断路或线路有断路现象等。该电压为 12V 以下，说明滤波电容 C_1 容量不足或有漏电现象等。

注意： 本故障设定的前提是后级电路没有发生短路现象！否则，有可能使整流桥有短路现象，下同。

第二步：万用表选择 10V 的直流挡，测量稳压器输出❶、❹点电压是否有 5V 直流电。有正常电压，表明稳压器正常，否则说明稳压器有断路或线路有断路现象等。该电压为 5V 以下，说明滤波电容 C_2 容量不足或有漏电现象等。

1.2.2　现场操作 7——电流法检测故障电路

直流电流法检测故障电路测试图如图 1-15 所示。

对于有熔断器或开关控制的小家电，整机电流一般在熔断器或开关处进行检测，测量时使开关处于关断状态或去掉熔断器。

测量前应首先估算一下该机的电流，由于 FU_2 的标称值是 0.5A，所以后级负载电流应该不会大于 500mA。

万用表选择 500mA 的直流挡，红表笔接熔断器座输入端，黑表笔接熔断器座输出端，该电路万用表的示数为 320mA，小于 500mA，表明后级电路没有短路现象发生。若熔断器烧毁，则可以更换熔断器。

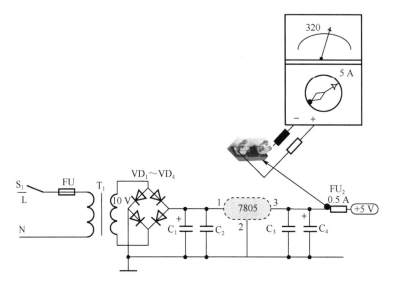

图 1-15　直流电流法检测故障电路测试图

1.2.3　现场操作 8——电阻法检测故障电路

电阻法检测故障电路测试图如图 1-16 所示。

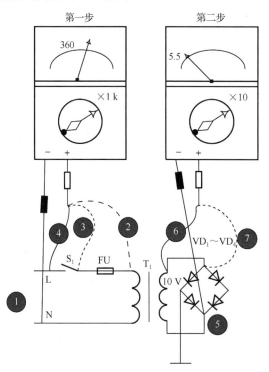

图 1-16　电阻法检测故障电路测试图

第一步：判断变压器初级之前的电路是否正常。

万用表选择"×1k"的欧姆挡，一表笔接变压器的初级❶处，另一表笔接熔断器座的输出端❷处，电阻值为360Ω，说明变压器初级是基本正常的（匝间短路或轻微短路是测量不出来的），否则，有可能是变压器初级有短路（小于正常值许多）或断路（无穷大）或线路有断路（无穷大）。

继续测量，再用另一表笔接熔断器的输入端❸处，电阻值为360Ω，说明熔断器是正常的，否则，有可能是熔断器断路（无穷大）或线路有断路（无穷大）。

继续测量，再用另一表笔接开关(开关应处于闭合状态下)的输入端❹处，电阻值为360Ω，说明开关是正常的，否则，有可能是开关断路（无穷大）或线路有断路（无穷大）。

第二步：判断变压器次级是否正常。

万用表选择"×10"的欧姆挡，一表笔接整流桥的❺处，另一表笔接变压器次级❻处，电阻值为5.5Ω，说明变压器次级是基本正常的（匝间短路或轻微短路是测量不出来的），否则，有可能是变压器初级有短路（小于正常值许多）或断路（无穷大）或线路有断路（无穷大）。

继续测量，再用另一表笔接整流桥❼处，电阻值为 5.5Ω，❼处与❻处线路是正常的，否则，有可能线路有断路（无穷大）。

第2章

小家电特有元器件的识别与检测

2.1 三端稳压器

尽管从外部来看许多小家电都是由 220V 的市电电网供电的,但在它们的内部,大部分都需要将交流电转换成不同规格的低压直流电,因此必须使用直流稳压电源。

为了给小家电产品提供一个稳定的直流电压,现在除少数机型采用分立元件外,大部分机型都采用集成三端稳压器。

2.1.1 78、79 系列三端稳压器特点

小家电电路中常用的是三端固定式集成稳压器。三端固定式集成稳压器只有三个引脚,输入、地线和输出,其输出电压固定不可调。

我国生产的该类器件以"W"为前缀,其他国家不同公司生产的器件采用不同的前缀和后缀,但主体名称均相类似。

78 系列输出正电压,其电压共分为 5V、6V、9V、12V、15V、18V、24V 七挡。例如,7805、7806、7809、7812、7815、7818、7824 等。其中,字头"78"表示输出电压为正值,后面数字表示输出电压的稳压值。输出电流为 1.5A(带散热器)。

79 系列输出负电压,其电压分为-5V、-6V、-8V、-9V、-12V、-15V、-18V、-24V 七挡。例如,7905、7906、7912 等。其中,字头"79"表示输出电压为负值,后面数字表示输出电压的稳压值。输出电流为 1.5A(带散热器)。

78、79 系列其电流的特点是,三端集成稳压器的输出电流有大、中、小之分,并分别由不同符号表示。

在输出小电流时,代号为"L"。例如,78L××,最大输出电流为 0.1A。

在输出中电流时,代号为"M"。例如,78M××,最大输出电流为 0.5A。

在输出大电流时,代号为"S"。例如,78S××,最大输出电流为 2A。

W78×× 系列(输出正电源)和 W79×× 系列(输出负电源)集成稳压电源,输出电压有多种规格,如表 2-1 所示。

表 2-1 W78××/W79×× 系列稳压器型号与输出电压对照

型 号	输出电压(V)	输入电压(V)	最大输入电压(V)	最小输入电压(V)
W7805/W7905	+5/-5	+10/-10	+35/-35	+7/-7

续表

型　　号	输出电压（V）	输入电压（V）	最大输入电压（V）	最小输入电压（V）
W7806/W7906	+6/−6	+11/−11	+35/−35	+8/−8
W7809/W7909	+9/−9	+14/−14	+35/−35	+11/−11
W7812/W7912	+12/−12	+19/−19	+35/−35	+14/−14
W7815/W7915	+15/−15	+23/−23	+35/−35	+18/−18
W7818/W7918	+18/−18	+26/−26	+35/−35	+21/−21
W7824/W7924	+24/−24	+33/−33	+40/−40	+27/−27

2.1.2　78、79 系列三端稳压器引脚功能及符号

78、79 系列三端稳压器引脚功能及符号如图 2-1 所示。

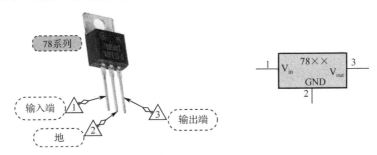

（a）78系列三端稳压器引脚功能及符号

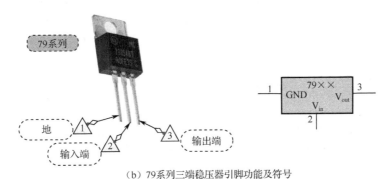

（b）79系列三端稳压器引脚功能及符号

图 2-1　78、79 系列三端稳压器引脚功能及符号

三端稳压器的封装形式常有金属封装和塑封装两种，其外形和引脚如图 2-2 所示。

图 2-2　三端稳压器的外形和引脚

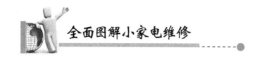
2.1.3 78、79系列三端稳压器基本电路的接法

78××、79××系列三端稳压器基本电路的接法如图2-3所示。

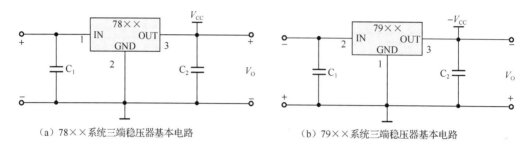

（a）78××系统三端稳压器基本电路　　　　　（b）79××系统三端稳压器基本电路

图2-3　78××、79××系列三端稳压器基本电路的接法

外接电容C_1用来抵消输入端线路较长而产生的电感效应，可防止电路自激振荡。外接电容C_2可消除因负载电流跃变而引起输出电压的较大波动。

2.1.4 78、79系列三端稳压器的代换

国产78、79系列三端集成稳压器用字母"CW"或"W"表示，如CW78L05、W78L05、CW7805等。"C"是英文CHINA（中国）的缩写，"W"是稳压器中"稳"字的第一个汉语拼音字母。进口78、79系列三端集成稳压器用字母AN、LM、TA、MC、NJM、RC、KA、µPC表示，例如，TA7806、MC7806、AN7806、µPC7806、LM7906等。不同厂家生产的78、79系列三端集成稳压器，只要其输出电压和输出电流等参数相同，就可以相互直接代换使用。

2.2　三端误差放大器TL431

三端误差放大器TL431属于精密型误差放大器，在各种电源电路中应用最多。TL431的外形如图2-4所示，封装形式有3脚直插式和8脚直插式两种。

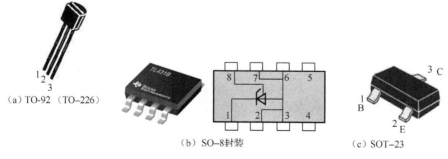

（a）TO-92（TO–226）　　　　（b）SO–8封装　　　　（c）SOT–23

图2-4　TL431的外形

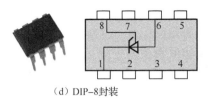

（d）DIP–8封装

图 2-4 TL431 的外形（续）

TL431 误差放大器的特点如图 2-5 所示。当 R 脚输入的误差取样电压超过 2.5V 后，TL431 内的比较器输出的电压升高，三极管导通加强，使得 TL431 的 K 脚电位下降；当 R 脚输入的电压低于 2.5V 时 K 脚电位升高。

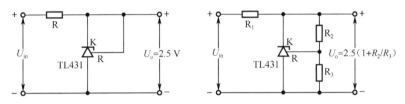

图 2-5 TL431 误差放大器的特点

TL431 的国外同类产品主要有 KA431、KA431、LM431、HA17431 等，都是可以直接代换的。

2.3 单片机

单片机（MCU）就是把中央处理器（CPU）、随机存储器（RAM）、只读存储器（ROM）、定时器/计数器及输入/输出（I/O）接口电路等主要计算机部件，集成在一块集成电路芯片上的微型计算机，因此称为单片微控制器，简称单片机（MCU）。单片机的外形如图 2-6 所示。

图 2-6 单片机的外形

在小家电电路中，单片机是整个电路的控制中心，用于实现人机对话、监测工作电流、电网电压及操作、报警、显示当前状态或功能。它既要接收人工发出的各种操作信号，又要接收各种传感器送来的信号，并对各类信号加以判断和进行处理，从而转换为相应的驱动控制信号，输出到控制驱动电路，MCU 就是控制系统的"大脑"。

MCU 体积虽小，但它内部是一个庞大而复杂的智能化集成电路，作为小家电维修人员，大可不必知道其内部的工作过程，只需将它看作一只"黑匣子"，了解它的工作条件、输入及输出信号情况，便可了解整体的控制原理。

单片机工作的三个基本条件如下。

（1）必须有合适的工作电压，即 V_{DD} 电源正极和 V_{SS} 电源负极（地）两个引脚。

（2）必须有复位（清零）电压。由于单片机电路较多，所以在开始工作时必须保持在一个预备状态，这个进入状态的过程叫作复位（清零），外电路应为单片机提供一个复位信号，使微处理器中的程序计数器等电路清零、复位，从而保证微处理器从初始程序开始工作。

（3）必须有时钟振荡电路（信号）。由于单片机内有大规模的数字集成电路，这么多的数字电路组合对某一信号进行系统处理，就必须保持一定的处理顺序及步调的一致性，此步调一致的工作由"时钟脉冲"控制。单片机的外部通常外接晶体振荡器（晶振）和内部电路组成的时钟振荡电路，其产生的振荡信号作为微处理器工作的脉冲。

单片机工作的三个基本条件中，工作电压电路基本变化不太大。时钟振荡电路常有两种方式，一种是外接晶振，另一种是 IC 内部设置（不需要再外接晶振）。但复位电路形式较多，常有如下两种电路形式。

1. 最简单的复位电路

最简单的复位电路如图 2-7 所示。开机瞬间，+5V 电源电压通过 R_1、C_1 积分电路，在 C_1 两端建立一个由 0V 逐渐升高到+5V 的电压。单片机 IC_1 的❶脚为复位信号输入端，在❶脚输入低电平复位信号期间，IC_1 内的存储器、寄存器等电路开始复位；当 IC_1 的❶脚输入高电平电压，且 IC_1 复位结束后，IC_1 开始正常工作。

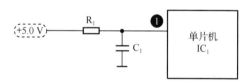

图 2-7　最简单的复位电路

2. 集成电路复位电路

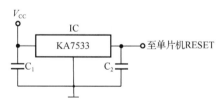

图 2-8　集成电路复位电路

集成电路复位电路如图 2-8 所示。集成电路芯片（KA7533）组成的复位电路，若瞬时中断或电源输入给单片机施加电源，则复位电路初始化许多主芯片的内部部件并使之持续工作在初始状态。复位终端电压变成与单片机 V_{CC} 电压相比的"低电平"，并在正常操作情况下保持"高电平"（V_{CC} 电压）。

例1　某电动自行车的单片机工作条件电路如图 2-9 所示。

电源供电电路：⓴脚为电源正极，❿脚为电源地。

时钟振荡电路：❹、❺脚外接晶振 X1。电容 C_{16}、C_{17} 为平衡电容。

复位电路：由运放 IC4B 及外围元件等组成。

电动自行车开启钥匙电路上电后，IC4B 的❼脚电压是基本稳定的（由 R_8 和 R_{10} 分压供给）；❻脚电压是变化的（因为有电解电容 C_{12} 充放电），且刚开始是低于❼脚电压的，此时，❶脚输出高电平，对单片机进行复位。随着时间的延长，C_{12} 电容已充满，❻脚电压高于❼脚电压，运放反转，❶脚输出低电平，就完成了复位，单片机开始工作。

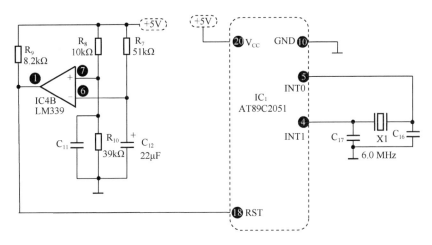

图 2-9　某电动自行车的单片机工作条件电路

例 2　某小家电单片机工作条件电路如图 2-9 所示。

供电电源：开机上电后，由低压电源输出的 +5V 电压经 CC_3 和 CE_4 滤波后加到单片机 IC_1 的❷脚供电端子，为单片机供电。

时钟振荡：单片机得到供电后，它内部的振荡器与❶脚、❷脚外接的晶振 OSC 通过振荡产生 4MHz 的时钟信号。

复位电路：复位电路由 IC_5 来担任，开机瞬间，由于 5V 电源在滤波电容的作用下是逐渐升高的，所以当该电压低于设置值时，IC_5 的输出端输出一个低电平的复位信号。该信号加载到单片机的❷脚，内部存储器等清零、复位。随着 5V 电源的正常建立，当电压超过 3.6V 后，IC_5 输出高电平信号，该信号经 CC_5 滤波后加到 IC_5 的❷脚，就完成了单片机复位，开始工作。

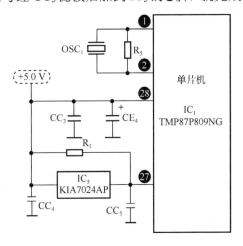

图 2-9　某小家电单片机工作条件电路

当怀疑单片机有问题时，应首先检查单片机的三个工作条件是否正常，其次再检查单片机本身。由于每种小家电机型中单片机内部只读存储器（ROM）中的数据（运行程序）是不尽相同的，而且各厂家对各个 I/O 端口的定义各不相同，所以它的代换性很小。

若确认单片机损坏，则只能向售后维修单位或厂家索取新的单片机，有条件的可以自己烧录。当然，也可找同型号、同软件版本的产品废件进行拆解维修后替换。

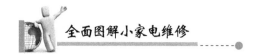

2.4 集成运放

2.4.1 集成运放电路的图形符号

集成运放电路的图形符号和外形如图 2-11 所示。不过，本此说明，本书中仍采用集成运放电路的旧图形符号。

（a）图形符号　　　　　　　　　　　　（b）外形

图 2-11　集成运放电路的图形符号和外形

集成运放电路有两个输入端：一个称为同相输入端，在符号图中标以"+"号；另一个称为反相输入端，在符号图中标以"–"号。有一个输出端时，则在符号图中标以"+"号。若将反相输入端接地，将输入信号加到同相输入端，则输出信号与输入信号极性相同；若将同相输入端接地，而将输入信号加到反相输入端，则输出信号与输入信号极性相反。实际集成运放电路的引脚除输入、输出端外，还有正、负电源端、调零端等，为方便学习故在符号图中并没有画出。

2.4.2 集成运放电路的工作原理

1. 集成运放电路工作在线性区

集成运放电路工作在线性区原理如图 2-12 所示。

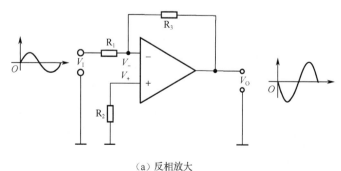

（a）反相放大

图 2-12　集成运放电路工作在线性区原理图

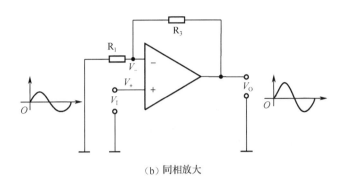

（b）同相放大

图 2-12 集成运放电路工作在线性区原理图（续）

当集成运放电路工作在线性区（引入负反馈）时，根据输入信号情况可工作于反相放大状态与同相放大状态，即输出与输入的信号相位相反为反相放大器；输出与输入的信号相位相同为同相放大器。

2. 集成运放电路工作在非线性区

集成运放电路工作在非线性区的原理如图 2-13 所示。

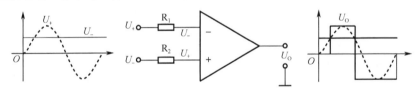

图 2-13 集成运放电路工作在非线性区原理图

当集成运放电路工作在非线性区（开环状态或正反馈）时，就是一个很好的电压比较器（比较两个电压的大小）。此时，运放的输出只有两种可能：当 $U_+ - U_- > 0$，即 $U_+ > U_-$ 时，比较器 U_o 输出为正向饱和值，称为高电平；当 $U_+ - U_- < 0$，即 $U_+ < U_-$ 时，比较器 U_o 输出为负向饱和值，称为低电平；当 $U_+ - U_- = 0$，即 $U_+ = U_-$ 时，比较器 U_o 输出在此瞬间翻转。

2.4.3 常用的集成运放电路

实际的集成运放电路不止一个放大器，通常是多个集成运放电路集成在一个集成电路中。在小家电电路中，常用的集成运放电路有 LM339、LM324、LM393 等。

（1）LM339 四电压比较器。

LM339 四电压比较器结构外形和引脚功能如图 2-14 所示，其封装形式有两种：双列直插式 DIP-14 封装和贴片式 SOP-14 封装。

该运放的特点是：只要电压比较器的两端输入端之差达到 10mV 左右，其输出状态就会发生翻转，当同向输入端的电压高于反向输入端的电压时，比较器输出端的内部处于断路状态（相当于与外围电路断开），对所控制的其他信号和电路没有影响。此时，如果需要得到高电平电压信号，则只要在输出端接上一只适当阻值的电阻即可（该电阻通常称为上拉电阻），并且高电平峰值的大小仅取决于该电阻的接法及对地分压电阻的大小。

（a）DIP-14封装

（b）SOP-14封装

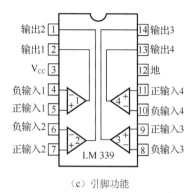

（c）引脚功能

图 2-14　LM339 四电压比较器结构外形和引脚功能

（2）LM324 四电压比较器。

LM324 四电压比较器结构外形和引脚功能如图 2-15 所示，其封装形式有两种：双列直插式 DIP-14 封装和贴片式 SOP-14 封装。

（a）DIP-14封装

（b）SOP-14封装

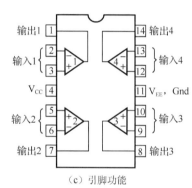

（c）引脚功能

图 2-15　LM324 四电压比较器结构外形和引脚功能图

该运放的特点是：有四个独立的运算放大器，工作电压范围较大，既可以用单电源，也可以用双电源。一般单电源电压为 3～30V，双电源电压为 ±1.5V～±15V，输出电压范围比较大，为 0～（V_{CC}-1.5V）。

（3）LM393 二电压比较器。

LM393 二电压比较器结构外形和引脚功能如图 2-16 所示。

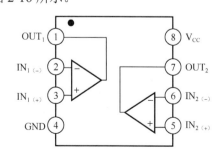

图 2-16　LM393 二电压比较器结构外形和引脚功能图

该运放的特点是：有四个独立的运算放大器，是一种低功率、低偏置、高精度的双电压比较器，其偏置电压可低至 2mA，工作电源电压范围较宽，既可以单电源工作，又可以双电源工作，单电源电压为 2～36V，双电源电压±1V～±18V。

2.5 电热元器件

在小家电中能将电能转换为热能的元部件称为电热元器件，它是电热器具的核心。小家电中常见的电热元器件分类如图 2-17 所示。

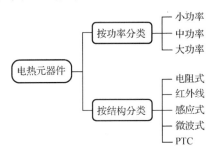

图 2-17 常见的电热元器件分类

2.5.1 电阻式电热元器件

1. 开启式螺旋形电热元器件

开启式螺旋形电热元器件多采用电热丝绕制成螺旋状后嵌在绝缘或绝热材料制成的盘面凹槽里或专用支架上，电热丝直接裸露在空气中，发出的热量主要以辐射和对流的方式传给欲加热物件。开启式螺旋形电热元件如图 2-18 所示。

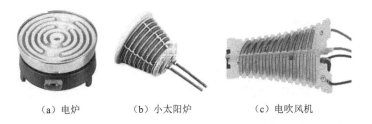

（a）电炉　　　　（b）小太阳炉　　　　（c）电吹风机

图 2-18 开启式螺旋形电热元器件

2. 云母片式电热元器件

将电热丝缠绕在云母片上，在外面覆盖一层云母作为绝缘。这种电热元器件作为安全器件，一般是置于某种保护罩下的，如电熨斗中的电热元器件。云母片式电热元器件如图 2-19 所示。

3. 封闭式电热元器件

这类元器件是将电热丝置于绝缘导热材料的封闭系统内（金属管或金属板内），简称电热管，主要由电热丝、金属护套管、绝缘填充料、封口材料和引出线等组成，如用在热得快、电饭锅等中的电热元件等。封闭式电热元器件如图 2-20 所示。

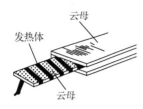

图 2-19　云母片式电热元器件

图 2-20　封闭式电热元器件

4. 线状电热元器件

线状电热元器件是在一根用玻璃纤维或石棉线制作的芯线上，缠绕电热丝，再套一层耐热尼龙编织层，在编织层上涂敷耐热聚乙烯树脂，如用电热褥中的电热元器件等。线状电热元器件如图 2-21 所示。

图 2-21　线状电热元器件

5. 柔性薄膜形电热元器件

柔性薄膜形电热元器件是一种以康铜或康铜丝作为电热材料，聚酰亚胺薄膜作为绝缘材料的薄膜型新型电热元器件，它可以制成片状或带状，具有厚度小、柔性好、耐老化、性能稳定、可以进行精确的恒温控制等特点。柔性薄膜形电热元器件如图 2-22 所示。

图 2-22　柔性薄膜形电热元器件

2.5.2　远红外线电热元器件

红外线是一种电磁波，其加热基本原理是：使电阻发热元器件通电发热，利用此热能来激发红外线辐射物质，使其辐射出红外线对物体加热。它具有升温迅速、穿透能力强、节省能源、无污染等优点，广泛应用于电烤箱、取暖器及电吹风等。

1. 管状红外辐射元器件

管状红外辐射元器件有乳白石英管、金属管及陶瓷管等几种，其结构外形如图 2-23 所示。

图 2-23 管状红外辐射元器件

2. 板状红外辐射元器件

板状红外辐射元器件一般由红外辐射板、电热丝及壳体组成。板状红外辐射元器件如图 2-24 所示。

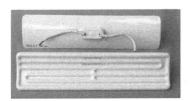
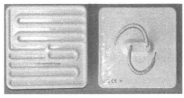

图 2-24 板状红外辐射元器件

2.5.3 PTC 电热元器件

PTC 电热元器件是具有正电阻温度系数的新型发热元器件。通常是以钛酸钡为基料，掺入微量稀土元素，经陶瓷工艺烧烤而制成的烧结体。在 PTC 电热元器件上加直流或交流电源，便可获得某一范围内恒定的温度。PTC 电热元器件如图 2-25 所示。

图 2-25 PTC 电热元器件

2.6 电动器件

在小家电中，将电能转换为机械能而做功的器件，称为电动器件。电动器件常应用于各种电动机及其调速装置，它是家用电动器具的核心部件。

家用电动器具所使用的电动机，一般都是微型电机，功率多在 20～750W。这些电动机体积较小，一旦损坏，目前在维修行业大都是整体代换，因此对它的结构不做过多详细介绍，重点放在工作原理及结构特点等方面。

2.6.1 永磁式直流电动机

1. 工作原理

永磁式直流电动机工作原理如图 2-26 所示。

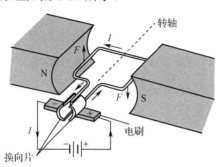

图 2-26　永磁式直流电动机工作原理

由图 2-26 可知，电源接通后，直流电流经电刷、换向片流入电枢绕组。因通电线圈（电枢）在磁场中（定子）会受磁场力的作用，该磁场力会产生合力矩，使电枢开始转动，即转子转动。

2. 结构及外形

永磁式直流电动机主要由定子、转子、换向片、电刷等组成，其结构及外形如图 2-27 所示。永磁式直流电动机最大特点是易于实现正反转，只要改变转子电流的方向就能改变旋转方向，即只要将连接电源的两条引线互换便可实现反转。

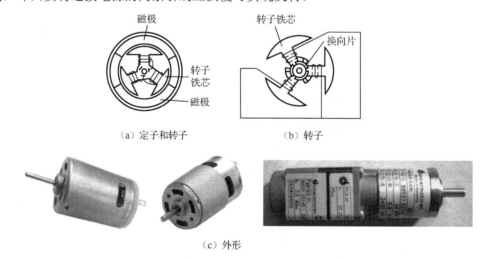

（a）定子和转子　　　　　　　　（b）转子

（c）外形

图 2-27　永磁式直流电动机结构图及外形

2.6.2 交直流通用电动机

交直流通用电动机又称单相串励电动机。由于它具有体积小、转速高（可达到 20 000 r/min 以上）、启动力矩大、速度可调等优点，在小家电中得到了广泛的应用。

1. 工作原理

交直流通用电动机工作原理如图 2-28 所示。

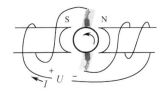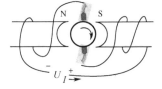

图 2-28 交直流通用电动机工作原理

由于励磁绕组与电枢绕组相串联，电机一旦通电后，励磁绕组产生磁场，而电枢绕组可看作磁场中的通电导体，所以通电导体在磁场中受到合力矩，从而使转子转动起来。

当电流方向改变时，励磁绕组和电枢绕组的电流方向同时改变，因此电枢绕组受到的转矩方向不变，所以，无论是接入交流电，还是直流电，转子的旋转方向始终不变。

2. 交直流通用电动机结构

交直流通用电动机结构和外形如图 2-29 所示。交直流通用电动机主要由定子、转子（电枢）、换向器及电刷等组成。

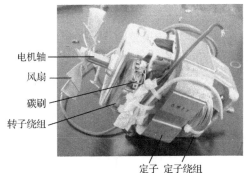

电机轴
风扇
碳刷
转子绕组

定子 定子绕组

（a）结构　　　　　　　　　　　　　（b）外形

图 2-29 交直流通用电动机结构和外形

交直流通用电动机特点是：交直流两用，使用交流电源与使用对应直流电源能产生同样大小的转矩；转速高，调速方便，其转速可达到 20 000 r/min 以上，调速方法有多种形式，最简单的调速是通过调整电源电压，即可调整它的转速。其缺点是结构较复杂，运转噪声大，会产生无线电干扰等。

2.6.3 单相交流感应式异步电动机

单相交流感应式异步电动机简称单相异步电动机，它只需单相 220V 交流电源，故使用方便，是小家电中使用最多的电动机，如洗衣机、电风扇、吸尘器、抽油烟机等。

1. 单相交流感应式异步电动机结构

单相交流感应式异步电动机的结构主要由定子、转子、轴承、机壳和端盖等构成，其结

构及外形如图 2-30 所示。

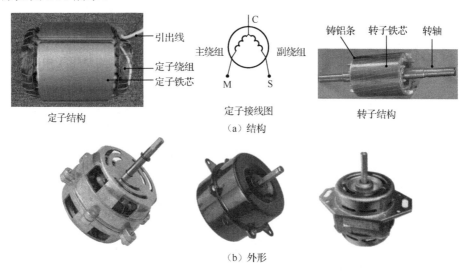

定子结构   定子接线图   转子结构
（a）结构

（b）外形

图 2-30　单相交流感应式异步电动机结构及外形

定子是单相异步电动机的静止部分，它由定子铁芯和定子绕组两部分组成。定子铁芯是用硅钢片叠压而成的，而定子绕组一般都有两组：一组称为主绕组，也称工作绕组或运行绕组；另一组称为副绕组，也称启动绕组。定子绕组的引出线一般有三根：一根称为公共端，常用 C 表示；一根是主绕组的引出端，常用 M 表示；一根是副绕组的引出端，常用 S 表示。单相交流感应式异步电动机绕组如图 2-31 所示。

转子是单向异步电动机的转动部分，它由铁芯和绕组两部分组成。转子铁芯由多片硅钢片叠合而成，而转子绕组通常采用压铸的方法制成。

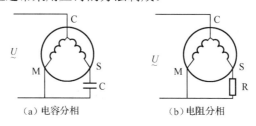

（a）电容分相   （b）电阻分相

图 2-31　单相交流感应式异步电动机绕组

2. 单相交流感应式异步电动机工作原理

单相异步电动机定子的两组主、副绕组，空间互成 90° 相位角，在这两个绕组中必须通入相位不同的电流，才能产生旋转磁场，即必须用分相元件让同一个交流电源产生两个相位不同的电流。

当电动机的两个绕组接在同一交流电源上时，由于分相元件的作用，使副绕组中的电流超前于主绕组。这两个相位不同的交流电流产生的合成磁场会在定子铁芯的气隙内旋转，转子便处于旋转磁场中而转动起来。

3. 启动装置

由于分相的需要，单相异步电动机必须设置启动元器件。启动元器件串联在启动绕组线路中，它的作用是在电动机启动完毕后，切断启动绕组的电流。目前常见的分相式电动机的启动装置有离心开关式、启动继电器式、PTC 启动式和电容式等几种。

2.6.4　罩极电动机

1. 罩极电动机结构

罩极电动机结构及外形如图 2-32 所示。定子铁芯多数是凸极式，由硅钢片叠压而成，每个极上都绕有主绕组，而在磁极极靴的一侧开有一小槽，在其较小部分套一铜质短路环，成为罩极线圈，转子为笼型转子。

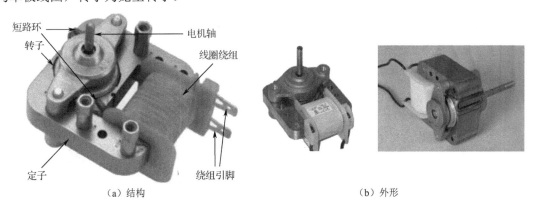

（a）结构　　　　　　　　　　　　　（b）外形

图 2-32　罩极电动机结构及外形

2. 罩极电动机工作原理

当主绕组通电后，磁极中便产生交变磁场，形成一个变化磁通，其中一部分通过罩极，使短路环中产生感应电流。根据楞次定律可知，磁极被罩部分的交变磁场在相位上滞后于未罩部分，即二者存在相位差。因此，形成一个旋转磁场，在旋钮磁场的作用下，转子启动并正常运转。

2.7　自动控制元器件

小家电中的控制系统常包括起停控制、温度控制、功率控制、调速控制等，因此控制元器件也较多，除前面介绍过的开关电位器、二极管、三极管、晶闸管和单片机外，还有温控器、继电器和定时器等。

2.7.1　温控器

在小家电中，根据采用的感温元器件的不同，常用的温控器有双金属温控器、磁性温控器、热电偶温控器及电子温控器等。

1. 双金属温控器

我们都知道热胀冷缩的物理现象，任何物质（固态、液态和气态）在温度升高时体积增大，温度下降时体积缩小。不同物质的热胀冷缩率是不同的，甚至相差很大。

如果把两种热胀冷缩率不同的金属片，通过特殊的熔接工艺熔接在一起，做成双金属片。由于两种金属片的热胀冷缩率不同，当温度升高时，双金属片就朝热胀冷缩率小的金属片一侧弯曲；当温度下降时，双金属片就朝热胀冷缩率大的金属片一侧弯曲。双金属片热胀冷缩状态如图 2-33 所示。双金属片随温度变化而发生侧向动作，推动温控开关的传动机构，使温度开关的触点发生断开或闭合的动作，从而达到切断或接通电路的目的。

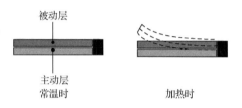

图 2-33　双金属片热胀冷缩状态

用双金属片制成的各种双金属温控器形状如图 2-34 所示。

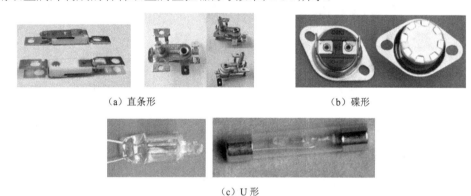

（a）直条形　　　　　　　　　　　　　　　（b）碟形

（c）U 形

图 2-34　双金属温控器形状

2. 磁性温控器

磁性温控器是利用磁性材料的磁性随温度变化的特性制成的。铁、镍等一些铁磁材料在常温下可以被磁化而与磁铁相吸，当温度升高到某一数值时，导磁性能会急剧下降，最终因磁性完全消失而变成一般的非磁性物质，该温度称为居里温度点。

不同铁磁性物质的居里温度点是不相同的，以目前的技术，可制造出居里温度点在 30℃～150℃ 的感温磁性材料。利用这些感温磁性材料，可以制成多种规格和动作的磁性温控器。

磁性温控器工作原理和外形如图 2-35 所示，主要由永久磁钢和感温材料（软磁）组成。磁性温控器置于电热板的中部，在位置固定的感温软磁下有一个永久磁钢（硬磁），硬磁和软磁之间有一弹簧。在常温下，弹簧的弹力小于磁力与硬磁重力之和。

常温时，按下操作按键，软磁吸住硬磁，使得它们所带动的两个触点闭合，电热元器件通电而发热。当电热板的温度升高到接近居里温度点时，软磁的磁性突然消失，此时，弹簧的弹力大于硬磁的重力，迫使硬磁下落，与其相连的杠杆连动使触点断开，切断电源。

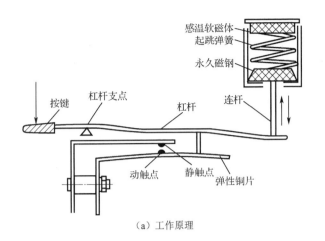

（a）工作原理　　　　　　　　　　　　　　　（b）外形

图 2-35　磁性温控器工作原理和外形

3. 电子温控器

电子温控器大多采用负温度系数的热敏电阻作为感温元器件，又称温度探头，如图 2-36 所示。负温度系数热敏电阻（NTC）的阻值随温度的升高而明显减小，利用这一特性，常将 NTC 接在由分立元器件、集成电路或单片微处理器的输入电路中，将温度的变化转换为电量的变化，然后经电路放大，驱动执行机构动作，实现对电热元器件的控制。

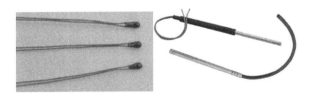

图 2-36　感温元器件

2.7.2　继电器

继电器是在小家电的自动控制电路中起控制与隔离或保护主电路作用的执行部件，它实际上是一种可以用低电压、小电流来控制大电流、高电压的自动开关。

小家电中常用的继电器主要有电磁继电器、干簧管继电器和固态继电器等。电磁式继电器按所采用的电源分类可分为交流电磁式继电器和直流电磁式继电器。

1. 电磁式继电器

电磁式继电器工作原理如图 2-37 所示，当电磁式继电器线圈引脚两端加上工作电压时，线圈及铁芯被磁化成为电磁铁，将衔铁吸住，衔铁带动动合触点吸合，同时带动动断触点分离。线圈断电后，在弹簧拉力的作用下，衔铁复位，并带动触点复位。

电磁式继电器属于触点式继电器，主要由铁芯、衔铁、弹簧、簧片及触点等组成，在电路中常用"K"或"KR"表示，电路符号和触点形式如图 2-38 所示，常用的电磁继电器触点形式有动合触点（常开触点）、动断触点（闭合触点）、转换触点（动合和动断切换触点）三种。

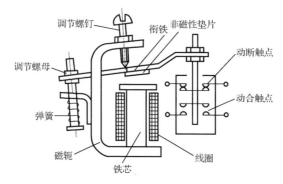

图 2-37　电磁式继电器工作原理

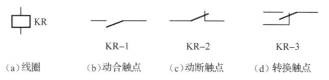

（a）线圈　　　　（b）动合触点　　　　（c）动断触点　　　　（d）转换触点

图 2-38　电磁式继电器电路符号和触点形式

2. 干簧管继电器

将两片金属弹簧片（采用既导磁又导电的材料制成）平行地封装入充有惰性气体的玻璃管中，两簧片端部重叠处留有一定的间隙，作为开关触点，就构成了干簧管，其结构与外形如图 2-39 所示。

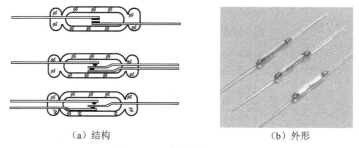

（a）结构　　　　　　　　　　　　（b）外形

图 2-39　干簧管结构与外形

干簧管继电器是由干簧管和绕在其外部的电磁线圈等构成的，如图 2-40（a）所示。当线圈通电后（或永久磁铁靠近干簧管）形成磁场时，干簧管内部的簧片将被磁化，开关触点会感应磁性相反的磁极。当磁力大于簧片的弹力时，开关触点接通；当磁力减小至一定值或消失时，簧片自动复位，使开关触点断开。干簧管继电器外形如图 2-40（b）所示。

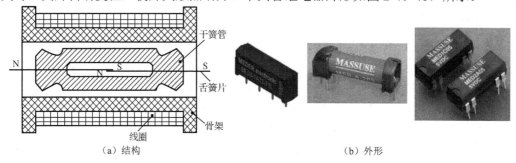

（a）结构　　　　　　　　　　　　　　　　（b）外形

图 2-40　干簧管继电器结构及外形

2.7.3　定时器

时间控制元器件简称定时器，是一种控制小家电工作时间长短的自动开关装置。定时器按其结构特点，可分为机械式、电动式和电子式三种。其中，机械式和电子式在实际应用中较为广泛。

1. 机械式定时器

机械式定时器的内部实际是一个机械钟表机构，它主要由能源系、传动轮系、擒纵调速系和凸轮控制系四大系统组成。机械式定时器结构及外形如图 2-41 所示。

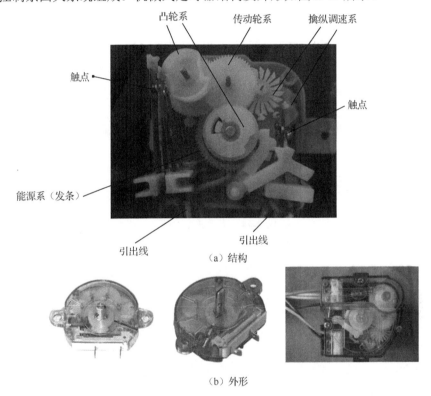

（a）结构

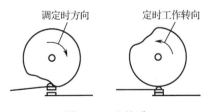

（b）外形

图 2-41　机械式定时器结构及外形

凸轮系主要由凸轮和开关触点组成，如图 2-42 所示。当工作时，凸轮推动簧片使触点闭合，电路接通；定时后，凸轮也随发条的驱动而转动，当凸轮上的凹口转到对准簧片头时，在弹簧片弹力作用下，带动触点断开，自动切断电源。

图 2-42　凸轮系

2. 电动式定时器

电动式定时器主要由电动机来带动计时器，其外形如图 2-43 所示。

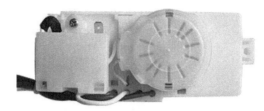

图 2-43　电动式定时器

3. 电子式定时器

电子式定时器是靠电子电路来驱动显示时间的，其外形如图 2-44 所示。

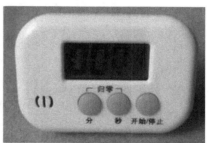

图 2-44　电子式定时器

第**3**章

电饭锅

3.1 电饭锅的分类和结构

3.1.1 电饭锅的分类

电饭锅的分类如图 3-1 所示。

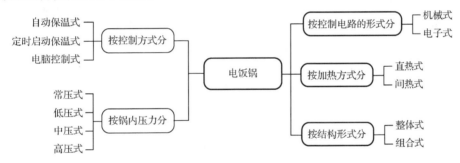

图 3-1 电饭锅的分类

间热式电饭锅结构由内锅、外锅和锅体三层构成。其中，电热板装在外锅底部，外锅装水，而内锅装食物，由外锅的热水或蒸汽对内锅进行加热或蒸煮。最外层是锅体，起着安全防护和装饰的双重作用。

直热式电饭锅是指锅底电热板直接对锅体加热。因此，其效率高，省时省电，缺点是做出的饭容易上下软硬不一致。如图 3-2 所示是直热式电饭锅。

图 3-2 直热式电饭锅

整体式电饭锅由于锅体的结构不同，又可分为单层整体式电饭锅、双层整体式电饭锅和三层整体式电饭锅三种，双层整体式、三层整体式电饭锅的内锅可以取出。双层整体式电饭锅的结构如图 3-3 所示。

图 3-3　双层整体式电饭锅的结构

电饭锅按控制电路的形式可分为机械式电饭锅和电子式电饭锅两种。机械式电饭锅主要由磁性温控器和双金属温控器作为主要的控制与检测部件，如图 3-4（a）所示；电子式电饭锅主要由单片机和热敏电阻作为主要的控制与检测部件，如图 3-4（b）所示。

（a）机械式电饭锅　　　　　　　　　　　　　（b）电子式电饭锅

图 3-4　机械式电饭锅及电子式电饭锅

3.1.2　电饭锅的结构

无论是哪种电饭锅，其主体结构都是大同小异的，下面以机械式电饭锅为例来介绍电饭锅的结构。如图 3-5 所示，是机械式电饭锅的结构。机械式自动保温式电饭锅的整机主要由外壳、内锅、电加热器、磁性温控器、双金属温控器及插座等组成。

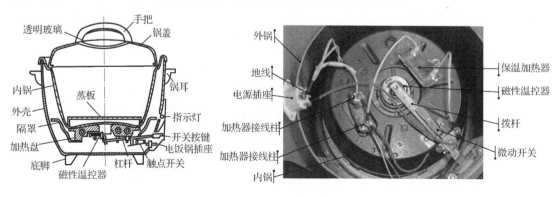

图 3-5　机械式电饭锅的结构

3.2 机械式电饭锅工作原理与检修

3.2.1 双金属温控器单加热盘电饭锅工作原理

双温控器单加热盘电饭锅工作原理如图 3-6（a）所示。常温下，双金属温控器 ST 的触点是闭合的，而磁性温控器 K 的触点是断开的。插好电源线未按按键开关时，加热盘即能通电，L_1 点亮，电饭锅处于保温状态，温度只要升高到 80℃，ST 的触点便会断开，切断电热板的电源。保温电路回路电流图如图 3-6（b）所示。

如要煮饭，必须按下操作按键，K 动作，按键开关闭合。此时 K、ST 并联，加热盘得电发热，且 L_2 点亮，锅内温度逐渐上升。当温度升到（70±10）℃时，ST 动作，常闭触点断开，但 K 的常开触点仍闭合，电路仍导通，加热盘继续发热。等饭煮熟，温度升高到（103±2）℃时，K 的触点断开，加热盘断电，停止加热，L_2 熄灭，煮饭电路回路电流图如图 4-6（c）所示。随着时间的延长，当温度降至 70℃ 以下时，ST 触点闭合，电路又接通，L_1 点亮，加热盘发热，温度逐渐上升。此后，通过双金属温控器触点的重复动作，能使熟饭的温度保持在 70℃ 左右。

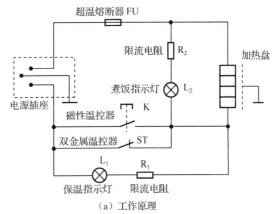

（a）工作原理

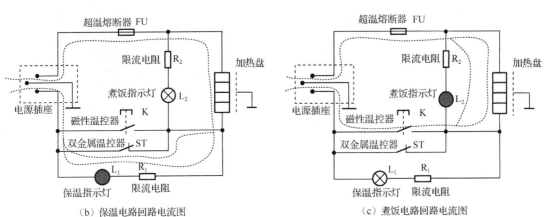

（b）保温电路回路电流图　　　　（c）煮饭电路回路电流图

图 3-6 双金属温控器单加热盘电饭锅工作原理

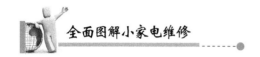

3.2.2 双金属温控器单加热盘电饭锅核心部件

1. 电加热盘

电加热盘（发热盘）是一种内嵌电发热管的铝合金圆盘，内锅放在电加热器上，取下内锅即可看到电加热器，电加热器是电饭锅的核心部件，其外形如图 3-7 所示。

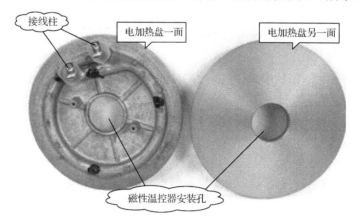

图 3-7 电加热盘外形

电加热器按功率分有 440W、450W、500W、550W、600W、650W、700W、750W、800W、850W、900W、950W 等。

2. 双金属温控器

双金属温控器的主要作用是在饭煮熟后，磁性温控器触点断开，降温至 70℃ 以下时自动接通电源，使锅内的温度保持在 70℃ 左右。电饭锅中常见的双金属温控器外形如图 3-8 所示。

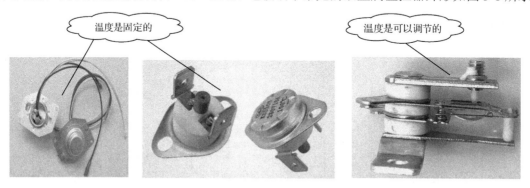

图 3-8 双金属温控器外形

3. 磁性温控器

磁性温控器的结构及外形如图 3-9 所示。

常温时，当按下电饭锅的启动开关时，开关杠杆把永久磁铁向上顶，使软磁吸住硬磁，使得它们所带动的两个触点闭合，加热盘通电而发热。

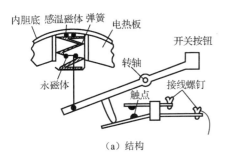

（a）结构　　　　　　　　　　　　　　　（b）外形

图 3-9　磁性温控器的结构及外形

只要锅底温度在 100℃ 或以下时，温控器的触点可以被软磁铁吸住，加热煮饭；饭熟后，水干了，内锅温度将超过 100℃。当发热盘的温度升高到接近居里温度点时，软磁的磁性突然消失；此时，弹簧的弹力大于硬磁的重力，迫使硬磁下落，与其相连的杠杆连动使触点断开，切断电源。

电饭锅上的磁性温控器的居里温度点一般设定在 103℃ 左右，当锅内温度升到 103℃ 时，磁性温控器自动动作从而切断电源。

4. 热熔断器

热熔断器又称超温保险器、温度熔丝等。热熔断器的结构及外形如图 3-10 所示，其外形多呈圆柱形，体积大小各异，外壳有铝管和瓷管两类，表面标注熔断温度（℃）、额定工作电压（V）及额定工作电流（A）等主要参数。

热熔断器是一种不可复位的一次性保护元件，以串联的方式接在电器电源输入端，其主要作用为过热保护。在电饭锅的热熔断器的型号中有 120℃/10A、142℃/10A、185℃/10A 等。

5. 氖管

机械式电饭锅中一般用氖管作为指示灯，其外形如图 3-11 所示。其中，煮饭指示灯一般为红色氖管，保温指示灯一般为黄色氖管。

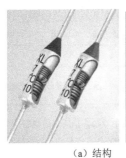

（a）结构　　　　　　（b）外形

图 3-10　热熔断器的结构及外形　　　　　　图 3-11　氖管外形

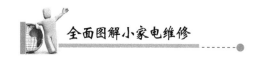

3.2.3 现场操作9——双金属温控器单加热盘电饭锅的检修

双金属温控器单加热盘电饭锅的常见故障及排除方法如表3-1所示。

表3-1 双金属温控器单加热盘电饭锅常见故障及排除方法

常见故障现象	故 障 分 析	维修、排除方法
上电后，电源热熔断器立即烧毁	电源胶木座或电饭锅电源插座存在油污或水分，胶木座炭化、内部导线绝缘层老化引起短路等	对于油污或水分，可用电吹风干燥，确认绝缘性能良好后便可继续使用。 对于胶木座炭化、导线绝缘老化的现象，可整体更换新配件
机内电源热熔断器烧毁	造成该故障的主要原因有两个：一个是自燃烧断；另一个是电路出现短路故障，熔断器起到保护作用而烧断	首先需要判断电饭锅内部电路是否存在短路，若无短路，则可直接更换；若有短路，则要排除该故障再更换。 判断内部电路的方法：①在保温状态下（即不按下磁性温控器），用电阻法测量电源线L、N两点的阻值。若阻值为零或较小，表明有短路故障；②在煮饭状态下（按下磁性温控器），用电阻法测量电源线L、N两点的阻值。该阻值一般大于或等于电加热盘的阻值
电加热盘不热	拆机察看熔断器是否烧毁，若烧毁，按短路性故障检查；若正常，则一般是断路性故障	加热盘炉丝烧断；磁性温控器和双金属温控器触点全不闭合；连接线接触不良或有断开现象等。用电阻法或电压法逐一检查
不保温	故障局限在保温电路，可能的故障有双金属温控器不工作（动、静触点接触不良、脏污及锈蚀）或工作不正常，与双金属温控器连接的导线有断路等	更换双金属温控器或重新调整双金属温控器的调节螺钉；更换断路的导线
饭烧焦	该故障说明煮饭温度过高或时间太长，主要原因有磁性温控器触点没有断开（本身损坏），杠杆机械性卡死或异物，双金属温控器损坏（动、静触点熔结粘死等），双金属温控器的动作温度偏高，内锅锅底的涂层磨损或内锅的座盘较脏等	更换磁性温控器、双金属温控器；调整、修复杠杆；清洗或更换内锅
煮不熟饭	内锅底或加热盘变形	更换内锅或加热盘。维修内锅的方法：在内锅底用粉笔均匀涂一层粉，放入内锅左右转动两三圈，拿出内锅观察粉层，未被磨去粉层的部位说明未与发热器接触。若变形，应予以整形
	内锅与发热盘之间有饭粒或异物等引起传热不良	清洗异物
	磁性温控器的永久磁钢磁性减弱或老化，按键开关动静触点接触不良导致断续通电等	更换磁性温控器；需调整或更换按键开关
指示灯不亮	如果发热器的工作正常，而只是指示灯不亮，故障范围应在指示灯电路中：与指示灯连接的引线断路或螺钉松动、限流电阻断路、指示灯本身损坏等	更换线路中导线，重新紧固螺钉，更换限流电阻或指示灯等
外壳漏电	电热元件封口熔化引起短路、导线或器件与底盘相碰、电源插座绝缘不良等	检查并接上可靠的地线；排查外壳短路处并进行干燥和绝缘处理

3.2.4 单金属温控器双加热盘电饭锅工作原理

单金属温控器双加热盘电饭锅应用得也较多，如半球 CFXB50、万家乐 CFXB40-10 等机型，其工作原理如图 3-12 所示。

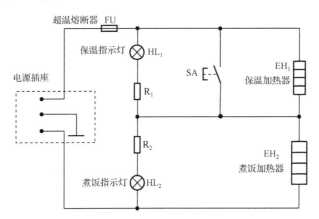

图 3-12 单金属温控器双加热盘电饭锅工作原理

放入内锅后，按下开关按键，磁性温控器 SA 内的永久磁铁与感温磁铁吸合，使开关触点闭合。该触点的闭合使得 EH_1 与 HL_1、R_1 的两条支路短路，此时，220V 电压为煮饭加热器 EH_2 供电，使其开始加热煮饭，而且通过限流电阻 R_2 使煮饭指示灯 HL_2 点亮，表明电饭锅工作在煮饭状态。

当煮饭的温度升至 103℃时，饭已煮熟，磁性温控器触点断开，此时市电电压通过保温加热器降压后，为保温加热器 EH_1 供电，电饭锅进入保温状态。同时，市电电压通过限流电阻 R_1 为保温指示灯 HL_1 供电，使之点亮，表明电饭锅工作在保温状态。

凡是有保温加热器的电饭锅，都没有双金属温控器。保温加热器一般常用两种材料，一是云母片式加热器，二是 PTC 式加热器，其外形如图 3-13 所示。功率一般为 40～50W，电压为 220V。

（a）云母片式加热器

（b）PTC 式加热器

图 3-13 保温加热器的外形

3.2.5 现场操作 10——单金属温控器双加热盘电饭锅的检修

单金属温控器双加热盘电饭锅的常见故障及排除方法如表 3-2 所示。

表 3-2 单金属温控器双加热盘电饭锅的常见故障现象及排除方法

常见故障现象	故 障 分 析	维修、排除方法
上电开机后无任何反应	如果两个指示灯都不亮，则说明电饭锅内部有断路	首先，检查电源线和电源插座是否正常，若不正常，检修或更换；若正常，打开电饭锅底盖，用电阻法检查确认是否为熔断器或加热盘断路。如果线路或加热盘断路，更换即可排除故障。 如果熔断器烧毁断路，除了需要检查温控器的触点是否粘连，还应检查加热盘和内锅是否变形
饭烧焦	该故障说明加热时间过长，主要原因有磁性温控器触点粘连或本身损坏、保温加热器短路等	更换磁性温控器，更换保温加热器
一直是保温状态	磁性温控器总成开关触点没有闭合或断路性损坏、杠杆机械性故障	更换磁性温控器或总成，维修或调整杠杆的位置
煮饭夹生	该故障说明温度没有达到煮饭的要求或煮饭时间短，主要原因有内锅变形、加热盘变形、磁性温控器异常等	对内锅进行校正或更换，更换加热盘或磁性温控器

3.3 电子式电饭锅工作原理与检修

3.3.1 三洋帝度 DF-X502 系列电饭锅工作原理

三洋帝度 DF-X502 系列电饭锅工作原理如图 3-14 所示。该电饭锅由三大电路组成：电源电路、单片机控制电路和面板指示灯、操作电路。

电源电路工作原理：市电进入电饭锅，经熔断器 FU 后分成两路，一路送至发热器 EH，另一路送至降压变压器 T。变压器次级输出 11V 左右的交流电压，经过整流器 $VD_1 \sim VD_4$ 整流，C_1、C_3 滤波，ZD_1 稳压，得到 12V 左右的直流电压，供给继电器和后级电路。其中，C_2、C_4 为高频旁路电容，滤除高频信号对电源的影响；R_2 为负载电阻，起到空载保护的作用。

单片机 IC_1 的工作条件如下：13、14、15 为电源正极，1、4 脚为电源负极。2、3 脚外接的晶振 Z、R_4、C_5、C_6 组成时钟振荡电路，其振荡频率为 4MHz。R_5、C_7 组成复位电路，由 7 脚输入。

控制电路的工作原理：以煮饭（蒸炖）为例，当按下煮饭按钮，使按钮的一端接地，使电阻 R_{11}、R_9 产生分压，该分压经插排 CN_1 的 4 脚送至单片机 IC_1 的 18 脚，其中 C_{11} 为高频旁路；与此同时，锅底、锅盖温度传感器 RT_1、RT_2 把实际温度（常温）产生的电压也分别送至单片机的 17、16 脚。以上 3 路信号，经单片机内部计算与判断后，从 19 脚输出低电平驱动信号，使驱动三极管 VT_1 导通、继电器 K_1 线圈得电，从而带动触点 K_{1-1} 吸合，发热器有电流回路形成，使电饭锅开始加热工作。当饭煮好时，单片机 IC_1 的 6 脚输出低电平，使得指示灯"煮好"发光而显示；同时，单片机的 8 脚输出断续的高、低电平信号，使蜂鸣器有报警声音。

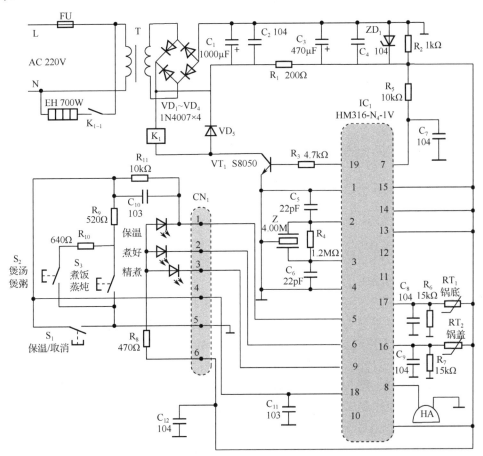

图 3-14　三洋帝度 DF-X502 系列电饭锅工作原理

加热工作开始后，随着锅内温度的变化，锅底、锅盖温度传感器的检测电压也随之变化，当煮饭好时（达到设定的温度后），单片机 IC_1 的 19 脚输出高电平，使得继电器失电而停止加热。锅底、锅盖温度传感器检测到锅内温度达到保温温度下限时，又输出低电平信号，使发热器加热工作。只要操作了按钮 S_1，电饭锅就不再执行保温功能了。

煲汤、煲粥的工作原理与煮饭相同，这里不再赘述。

单片机 HM316-N4-1V 引脚主要功能如表 3-3 所示。

表 3-3　单片机 HM316-N4-1V 引脚主要功能

引脚	引脚主要功能	引脚	引脚主要功能
1	地	6	饭煮好指示灯驱动信号输出端
2	时钟振荡输入	7	复位
3	时钟振荡输出	8	蜂鸣器驱动信号输出端
4	地	9	精煮指示灯驱动信号输出端
5	保温指示灯驱动信号输出端	10	输出/输入（未用）

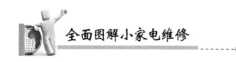
续表

引脚	引脚主要功能	引脚	引脚主要功能
11	输出/输入（未用）	16	锅盖温度传感器检测信号输入端
12	输出/输入（未用）	17	锅底温度传感器检测信号输入端
13	电源正极	18	键指令信号输入端
14	电源正极	19	加热器控制信号输出端
15	电源正极	20	电源正极

3.3.2 三洋帝度 DF-X502 系列电饭锅的检修

故障现象 1：上电开机后无任何反应

故障分析：该故障的范围较大，可能是电源电路、单片机控制电路、温度传感器电路、面板电路等有问题。

检修、排除方法如下。

第一步：检查熔断器是否被烧毁。

熔断器被烧毁。在更换熔断器之前应判断电路是否存在短路现象，方法是取下烧毁的熔断器 FU，从熔断器的外壳上可以看见是"250V/10A，185℃"，因此，本电饭锅的最大电流是不会超过 10A 的。万用表置于交流挡位，两表笔串联于熔断器接线的两端，开机检测其电流的大小，电流若超过 10A，表明有短路性故障存在；否则，更换电容器继续试机。

造成短路性故障的主要原因有变压器 T 绕组，滤波电容 C_1、C_2、C_3、C_4，稳压二极管 ZD_1，整流器 $VD_1 \sim VD_4$，继电器 K_1 线圈、单片机有短路现象发生。

若熔断器正常，则继续下一步检测。

第二步：检查电源电路。

电源电路的关键点电压如下：输入端交流 220V（随电网电压而异，下同），变压器初级交流 220V，变压器次级交流 11V，整流器输入电压同变压器次级，滤波电容 C_1 两端电压直流 12V，稳压器 ZD_1 两端直流电压 5V。逐级检测各关键点电压，来判断故障范围。也可以直接测量稳压器 ZD_1 两端直流电压 5V 是否正常，如不正常偏低，脱焊下后级负载，再次测量该电压，若正常，则为电源电路有故障；若还是不正常，则为电源电路有故障。

第三步：检查单片机的工作条件。

单片机的 13、14、15 脚对地电压应为 5V。单片机 2 脚电压为 2.5V 左右，3 脚电压为 2.2V 左右，否则为时钟振荡有问题；怀疑晶振有故障时，可以采取代换方法尝试。复位 7 脚电压稳定后应为 5V。

第四步：检查按钮、面板、插排是否有故障。

这部分电路的故障主要是按钮本身损坏、插排有接触不良等。

第五步：检查温度传感器 RT_1、RT_2 是否有问题。

温度传感器故障率较高。

第六步：单片机驱动信号输出是否正常。

在开机后用万用表检测单片机 19 脚是否有低电平输出，如有，则为放大电路和继电器有问题；如无，则为单片机损坏。

第七步：检查继电器、放大电路是否正常。

故障现象2：煮饭正常，而煲汤状态不工作

故障分析：煮饭正常说明电源正常，单片机工作正常，加热器也正常，故障仅仅在煲汤电路。

维修、排除方法：主要应检查开关 S_2 和电阻 R_{10} 及这部分的铜箔。

故障现象3：饭烧焦或煮饭夹生

故障分析：该故障说明加热时间过长或过短，主要原因有温度传感器 RT_1、RT_2 及电阻 R_6、R_7 有问题。

维修、排除方法：主要应检查 RT_1、RT_2 及电阻 R_6、R_7。在上述 4 个元件正常的情况下，可能是单片机的内部程序已改变了，就只能更换厂家写有程序的单片机了。

故障现象4：工作正常，但某个指示灯不点亮（蜂鸣器故障类似）

故障分析：故障可能是发光二极管损坏、脱焊，单片机损坏等。

维修、排除方法：用电阻法判断发光二极管是否损坏，若损坏更换之。如无损坏，在电路铜箔也正常的情况下，只能更换单片机。

3.3.3 现场操作11——三洋 ECJ-DF115M 电子式电饭锅的拆解

1. 面板结构

三洋 ECJ-DF115M 电子式电饭锅的面板结构如图 3-15 所示。

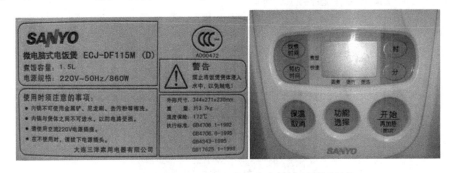

图 3-15　三洋 ECJ-DF115M 电子式电饭锅面板结构

2. 拆卸底盘

底盘是由 3 个螺钉和 4 个塑料卡扣紧固的。用螺丝刀拆卸下 2 个大、1 个小的螺钉，然后用一字螺丝刀慢慢撬开 4 个圆倒角上的塑料卡扣，即可取下底盘。拆卸底盘如图 3-16 所示。

3. 拆卸电源插座

电源插座固定在底座上，用一字螺丝刀将其出口处的两个卡扣卸开，从槽口里推出电源插座，即可将这个底盘拆卸下来。拆卸电源插座如图 3-17 所示。

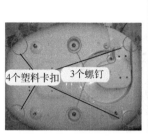

图 3-16　拆卸底盘示意图　　　　　　　　图 3-17　拆卸电源插座示意图

4. 从底盘看其内部结构布局

三洋 ECJ-DF115M 电子式电饭锅内部结构布局如图 3-18 所示。

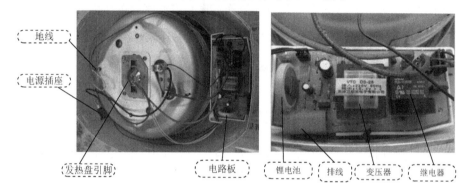

图 3-18　三洋 ECJ-DF115M 电子式电饭锅内部结构布局

5. 电子式电饭锅温度传感器的结构

电子式电饭锅温度传感器的结构如图 3-19 所示。温度传感器是用铝箔粘贴在发热锅壁上一圈的，该传感器是用康铜丝以热电偶的原理制成的，利用其在不同温度下的电阻值来检测温度。

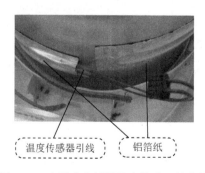

图 3-19　电子式电饭锅温度传感器的结构

6. 锅盖的结构

锅顶的测温导线和锅盖感应开关的引线是从锅盖轴里穿过再通向锅盖的，如图 3-20（a）所示。锅盖采用了两层铝板设计，下层铝板上有溢水回流孔，即使溢锅冒出的水会暂存在下层板上，而蒸汽能从上层板的排气孔排出；下层铝板靠皮碗卡在上层锅盖的卡接头上，便于取下清洗，如图3-20（b）所示。

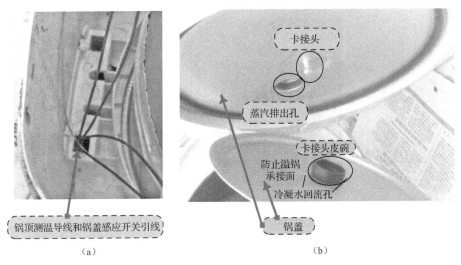

（a） （b）

图3-20 锅盖的结构

7. 面板的拆卸

用一字螺丝刀撬开面板，露出线路板的固定螺钉，拧开螺钉即可拆卸下控制电路板。面板的拆卸如图3-21所示。

图3-21 面板的拆卸

8. 整机电路板结构全貌

整机电路板结构全貌如图3-22所示，主要由电源板和控制电路板组成。

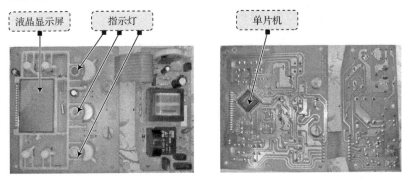

图3-22 整机电路板结构全貌

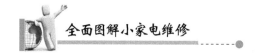

9. 拆卸按键支架

用螺丝刀撬起按键上的支架，即可拆卸下支架，如图 3-23 所示。

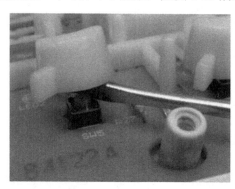

图 3-23　拆卸按键支架

3.4　电压力电饭锅

3.4.1　电压力电饭锅的结构

电压力电饭锅主要由外壳、锅内胆、锅盖、限压阀、安全装置、电热装置、定时器（或单片机）、指示灯等元器件或部件组成，其外形结构如图 3-24 所示。

图 3-24　电压力电饭锅外形结构

苏泊尔 F3 系列压力锅的结构爆炸图如图 3-25 所示。

3.4.2　电压力电饭锅常见的安全保护技术

电压力电饭锅常见的安全保护技术。

（1）使用压力控制传感装置——压力开关。当锅内压力超过所设定的限压值时，机器自动断电，在压力降低后再重新加热，确保锅内的压力保持在一定的范围内。

（2）限压保护。当压力控制装置因故失效而压力持续上升，达到限压压力时，气压冲开限压阀而放气，来限制压力上升。

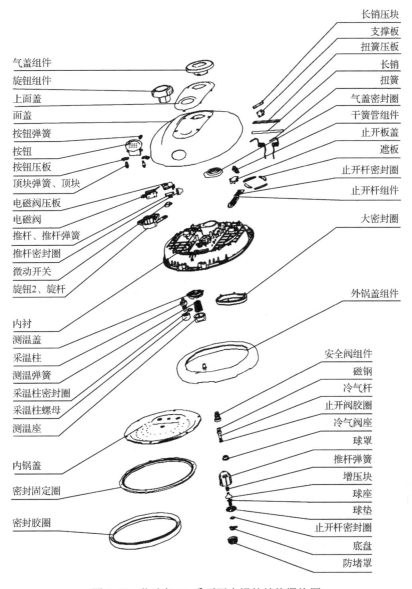

气盖组件
旋钮组件
上面盖
面盖
按钮弹簧
按钮
按钮压板
顶块弹簧、顶块
电磁阀压板
电磁阀
推杆、推杆弹簧
推杆密封圈
微动开关
旋钮2、旋杆

内衬
测温盖
采温柱
测温弹簧
采温柱密封圈
采温柱螺母
测温座

内锅盖
密封固定圈

密封胶圈

长销压块
支撑板
扭簧压板
长销
扭簧
气盖密封圈
干簧管组件
止开板盖
遮板
止开杆密封圈
止开杆组件

大密封圈

外锅盖组件

安全阀组件
磁钢
冷气杆
止开阀胶圈
冷气阀座
球罩
推杆弹簧
增压块
球座
球垫
止开杆密封圈
底盘
防堵罩

图 3-25　苏泊尔 F3 系列压力锅的结构爆炸图

（3）超压自泄。当压力控制装置因故失效，使压力上升至限压压力，或限压保护装置因故被堵塞失效，压力持续上升，达到危险值时，由强力弹性机构所支撑的发热盘会受迫继续下沉，使内锅与不锈钢锅盖的密封圈之间产生间隙，大量的气体从锅盖四周瞬间向上喷出，从根本上杜绝电压力锅会因气压过大而发生爆炸的事故。

（4）限温保护。利用温度控制器，当内锅空烧或内锅温度超过设定温度时断电保护，防止空烧时或压力未达到限压时持续加热，损坏电压力锅。

（5）超温保护。利用超温熔断器，当锅内温度持续上升，限温保护装置失效时，超温熔断器烧毁，机器自动断电保护。

（6）防堵保护。使用直网状不锈钢罩，完全有效防止食物堵塞在限压阀放气管中，导致排气不畅。

（7）开合保护。使锅盖未扣合到位时不能加压，防止加压后冲开锅盖；在锅内气压大于5kPa时浮子阀顶上而不能开盖，防止锅内有压力时误开盖，引起食物冲出，造成人体伤害。

3.4.3 机械式电压力电饭锅的工作原理

飞鹿机械式电压力电饭锅的工作原理如图3-26所示。

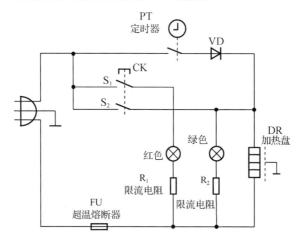

图3-26 飞鹿机械式电压力电饭锅的工作原理

接通电源前，首先要把所煮的食物放入锅内，然后加入适量的水，再确认限压阀排出孔通畅，盖好锅盖，套上限压阀。

给定时器设定时间后，按下按键开关CK，磁性温控器开关闭合，接通电源。此时，加热指示灯和保压指示灯同时点亮指示，加热盘全功率加热升温，当锅温升高到居里温度或达到规定的压力时，磁性温控器的感温磁铁失去有效性，在自身重力和弹力的作用下自动落下，并且通过杠杆带动、静触点分离、加热指示灯熄灭，其主电源被切断。此时因定时器仍在运行，所以电源通过二极管VD半波整流，继续向发热盘供电，同时保压指示灯也点亮，使电压力锅进入保压状态。当定时器走时完毕后，定时器内部的开关自动断开，保压电源切断，保压指示灯也熄灭，表示烹饪工作结束。

3.4.4 机械式电压力电饭锅的核心部件

1. 限压阀

限压阀又叫排气阀，是手动排气，可以很快开盖的方法之一，这时食物刚煮好还需要焖一段时间，食物才会淋、滑、软，一般不建议使用。进入保温状态后锅内温度逐渐降低，浮子阀会自动落下表明盖子可以打开，属正常现象也是正确的使用方法。

有些电压力锅的限压阀有双重保险装置，当锅内压力超过限定压力时，它就会自动释放锅内气体使压力降低避免爆炸事故。

限压阀的外形及结构如图3-27所示，它由阀座、阀瓣、重锤等组成。使用时将重锤套入阀座即可。

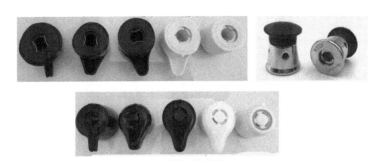

（a）几种限压阀的外形

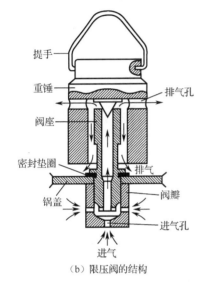

（b）限压阀的结构

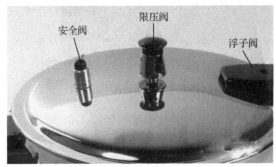

（c）限压阀在锅盖上的位置

图 3-27 限压阀的外形及结构

2. 安全装置

安全装置包括安全阀和金属安全塞，它们的结构如图 3-28 所示，安全阀在锅盖上的位置如图 3-27（c）所示。

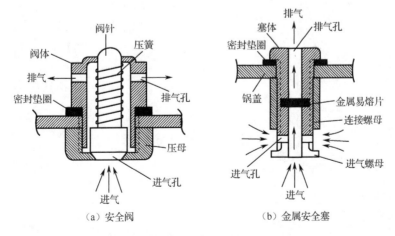

（a）安全阀   （b）金属安全塞

图 3-28 安全阀和安全塞结构

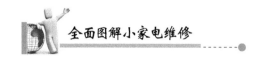

安全阀和安全塞均安装在锅盖上。安全阀主要由阀体、阀针、压簧和密封圈等部件组成。正常工作时，阀针不动作，不会排气。锅内压力蒸汽过高时，高压蒸汽克服弹簧压力而迫使阀针上移，锅内气体排除，使压力降低，起安全保护作用。安全塞主要由色塞体、金属易熔片、连接和进气螺母和密封垫圈等部件组成。

3. 热熔断器

电压力电饭锅中的常见热熔断器如图3-29所示。

图3-29　电压力电饭锅中的常见热熔断器

4. 美的IH电压力电饭锅的结构

美的IH电压力电饭锅的结构如图3-30所示。

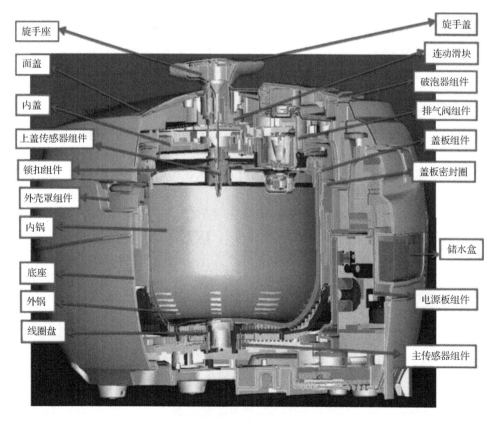

图3-30　美的IH电压力电饭锅的结构

3.4.5　机械式电压力电饭锅的检修

机械式电压力电饭锅的常见故障现象及排除方法如表 3-4 所示。

表 3-4　机械式电压力电饭锅的常见故障现象及排除方法

常见故障现象	故障分析	维修、排除方法
1．指示灯不亮，也不发热	表明供电线路、温度熔断器或内部线路等有断路现象	（1）先从外围检查起，检查电源线、电源插座电压是否正常，若不正常，检查供电电压缺失的原因并排除之。 常见故障有电源线的插头与插座之间接触不良或不接触；电源线折断或接头松动，导致电源不通；按键开关触头氧化，造成接触不良或不闭合，导致电源不通等。可用电阻法检测与判断。 （2）若供电电压正常或锅外电路正常，再打开锅的锅底盖，用万用表电阻法检查是温度熔断器烧坏已断路，还是供电线路有断路现象。 （3）若熔断器烧坏，除了需要检查温控器、定时器的触点是否粘连，还应检查加热盘是否正常。若温控器或定时器的触点异常，可更换或维修之；若加热盘损坏，则需更换加热盘。如果以上检查都正常，更换熔断器即可
2．煮不熟饭	主要故障是提前自动断电所致	（1）密封圈老化导致漏气。更换新的密封圈。 （2）磁性温控器的磁钢严重退磁，导致磁力小于弹簧力，使之失控。更换同规格的磁性温控器。 （3）内锅底与发热盘之间有异物，应清理异物。 （4）按键开关损坏，使触点接触不良，更换按键开关
3．指示灯点亮正常，但是不加热	指示灯点亮正常，表明电源电压已进入锅内，故障最大可能是加热盘损坏或连接线有接触不良等	检查加热盘的内阻，若损坏，可更换加热盘。若加热盘正常，则要检查与之相连的连接线是否有接触不良或断路现象
4．煮焦饭	电路不能及时切断电源，温升过高所致	（1）磁性温控器内外套之间空有杂物阻塞，外弹簧升降不灵或被卡死，导致磁性温控器功能变差而把饭煮焦。更换温控器和清理杂物。 （2）按键开关触点烧焦粘连，失去开关的控制作用。更换按键开关。 （3）磁性温控器外弹簧疲劳，弹性变小或向内收缩变形，紧紧卡住内套，不能正常顶起圆铝片与内锅接触，因而探测的锅温失准，温升过高把饭烧焦。更换磁性温控器
5．加热温度低	除供电电源电压低外，主要应检查温度开关、压力开关、开关 SA 的触点是否能正常接通	更换或维修温控器、压力开关及开关
6．煮饭有夹生现象	米和水量过少；保压时间设置过短	按规定放米、放水；按米量适当增加保压时间
7．定时器走完，保压仍然工作	一般是定时器本身有问题，导致保压电源断不开	更换定时器
8．不能保压	主要原因是定时器或其连接线有异常	维修或更换定时器；更换、检修定时器的连接线

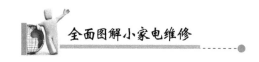
续表

常见故障现象	故 障 分 析	维修、排除方法
9. 漏气	机械性故障	（1）密封胶圈变形或老化，蒸汽从缝隙或裂缝中排出。更换密封圈。 （2）安全塞内金属易熔片氧化或材质变化引起穿孔，使蒸汽从孔中排出。更换安全塞。 （3）未合好盖。按规定合好盖
10. 锅内不上压而烧焦食物	锅内食物和水过少，浮子阀不能上升，锅内不上压；限压阀或锅盖周边有漏气现象；保压机构失灵	（1）严格按照规定放食物和水。 （2）限压阀的密封圈若损坏，可更换密封圈或限压阀。 （3）更换或重新调整压力开关
11. 盒盖困难	密封圈放置不正确；压力阀卡住推杆	（1）重放密封圈（注意：上下牙位对好）。 （2）清洁压力阀，用手轻推推杆

3.4.6 苏泊尔CYSB60YD2-110电脑式电压力电饭锅的工作原理

苏泊尔CYSB60YD2-110电脑式电压力电饭锅的工作原理如图3-31所示。

1. 电源电路

该机为了降低成本，采用的是阻容式降压电路。市电220V电压经熔断器FU输入后，分成两路：一路供给加热盘；另一路经R_1、R_2、C_1阻容降压后送至整流桥VD_1～VD_4。

整流后的直流电压又分成两路：一路经R_6限流、VD_5稳压、C_3高频旁路、C_4滤波得到12V电压；另一路通过R_5、R_4分压产生的取样电压经C_2滤波，再经过R_7送至单片机的6脚，作为市电的取样信号。

12V电压主要为继电器J线圈供电，通过7805稳压、C_5滤波、C_6高频旁路，得到5V直流电压。5V电压通过限流电阻R_{23}使指示灯S_{13}点亮；同时供给单片机的11、12脚，作为供电和后级的其他电路。

2. 单片机的三个工作条件

单片机的11、12脚为5V供电；9脚接地。
单片机的13、14脚为外接晶振。
单片机没有外置复位电路，是内部进行复位的。

3. 加热控制电路

当按下菜单键后，单片机的16脚得到一个低电平信号，就会选择加热、粥、保温等功能，确定需要的功能后，便从10脚一路输出报警声音，提醒用户改操作有效；第二路输出控制相应的指示灯点亮，表明已启动该工作状态了。下面以加热（煮饭）功能为例，来说明其工作原理。

当选择加热后，单片机的5脚输出高电平信号，经R_5加到三极管VT_1的基极，经其放大后，使继电器J线圈有电流回路，J内部的触点闭合，加热器得电而发热工作，开始煮饭。当锅内温度上升至103℃左右时，温度传感器RT（负温度系数热敏电阻）的阻值减小到需要值，

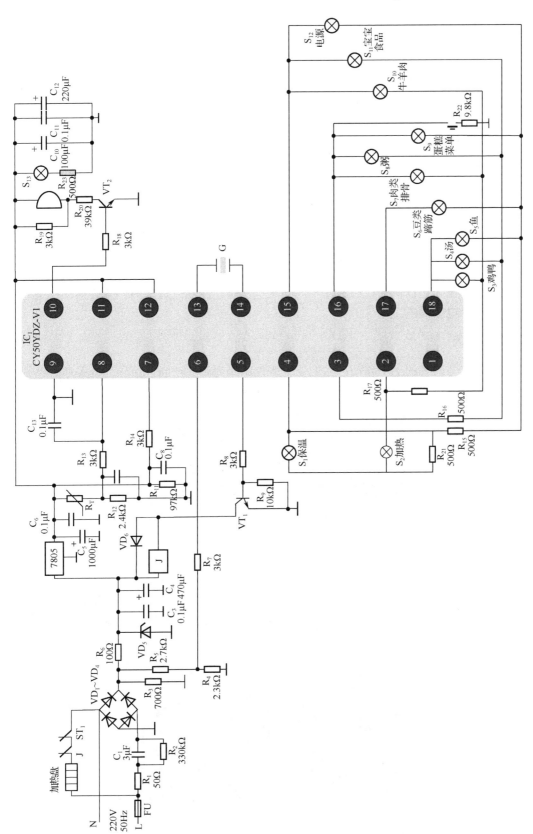

图 3-31 苏泊尔 CYSB60YD2-110 电脑式电压力电饭锅工作原理

5V 电压通过 RT 和 R_{12} 取样的电压增大到设定值，该电压经过 C_9 滤波，经 R_{13} 送至单片机的 8 脚，该电压与单片机内部存储器该电压对应的温度值进行比较后，判断出饭已经煮好了，同时控制蜂鸣器报警，提醒饭煮好，同时 5 脚输出低电平信号使发热器断电而不再工作，此后进入保温状态。在保温状态下，继电器 J 在 RT 和单片机的控制下间歇性地工作，使饭的温度保持在 65℃左右，同时保温指示灯点亮。

4. 过热保护电路

过热保护电路主要由过热保护器 ST_1 等电路组成。当某种原因导致加热器加热时间过长，使加热器温度升高，当温度超过 150℃时过热保护器的触点断开，切断供电回路，就避免了加热器过热而损坏，实现过热保护。

3.4.7 电脑式电压力电饭锅的核心部件

与机械式电压力电饭锅的核心部件相同的这里从略。注意：这里的"核心部件"是通用于电脑式电压力电饭锅的。

1. 压力开关

通过加热盘与膜片的上下移动产生的位移来控制压力开关通断，而压力开关通断控制加热盘的加热，从而控制锅的压力。压力开关外形如图 3-32 所示。

图 3-32　压力开关外形

2. 智能定时器

智能定时器又称马达定时器或电动机式定时器，只要有电源，定时器就可以工作。智能定时器外形如图 3-33 所示，规格一般为 220V/50Hz，有效角度一般为 0～300°，定时时长一般为 30min 左右。

图 3-33　智能定时器

3. 机械定时器

机械定时器又称发条定时器，其使用原则是有角度（旋转）就能工作。机械定时器外形如图 3-34 所示，规格一般为 220V/50Hz，有效角度一般为 0～270°。

图 3-34　机械定时器

4. 磁铁

磁铁是通过磁通量的变化，产生吸力，使微动开关动作，进行相应的功能控制。磁铁外形如图 3-35 所示。

图 3-35　磁铁外形

5. 干簧管

用干簧管作开关，来实现自动控制电路。干簧管外形如图 3-36 所示。

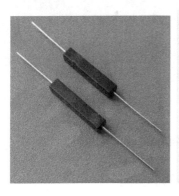

图 3-36　干簧管外形

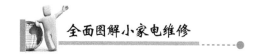
6. 上盖传感器

上盖传感器主要是感应上盖的温度，主要由壳体和传感器组成，利用压力与温度的关系从而对锅内的压力进行控制。上盖传感器外形如图 3-37 所示。

图 3-37　上盖传感器外形

7. 压力传感器

压力传感器主要是将锅内压力转换成位差信号，与单片机通信，同时显示压力，达到精确控制压力，提升烹饪营养与口感的目的。压力传感器外形如图 3-38 所示。

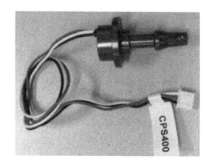

图 3-38　压力传感器外形

8. 浮子阀

零压浮子组件主要包括浮子阀和干簧管，零压浮子阀内有磁铁，当磁铁靠近干簧管时，干簧管闭合，当磁铁离开干簧管，干簧管断开，从而产生开关信号。浮子阀外形如图 3-39 所示。

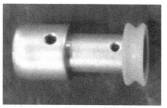

图 3-39　浮子阀外形

3.4.8　现场操作 12——苏泊尔 CYSB60YD2-110 电脑式电压力电饭锅的检修

故障现象 1：不加热，指示灯 S$_{13}$ 也不点亮

故障分析：该故障的主要原因在电源电路或单片机。

故障检修步骤如下。

第一步：检测电源电压是否正常。

（1）检查熔断器 FU 是否烧毁。

若熔断器 FU 烧毁，则要判断后级电路是否存在有短路现象等。判断方法是正反电阻法。主要短路元件有电容 C_1、整流桥 $VD_1 \sim VD_4$、滤波电容 C_3 及 C_4、稳压器 7805、滤波电容 C_2、稳压管 VD_5 等。

若没有短路现象发生，可更换熔断器，看故障是否排除。若没有排除，再继续下一步检查。

（2）选择下面几个关键点电压来判断故障的大致范围。

整流后 12V 电压、稳压后 5V 电压。在熔断器正常的情况下，一般先采取电压法检测，当故障范围缩小后，再采取电阻法检测。

第二步：检测单片机的工作条件。

检测单片机 11、12 脚 5V 电压是否正常。若该电压低于正常值，则脱焊一下该供电引脚，再次检测该电压，若此时该电压正常了，则说明单片机内部短路。可以更换晶振 G 试试。

故障现象 2：指示灯 S_{13} 点亮，但不加热

故障分析：指示灯 S_{13} 点亮，说明电源电路和单片机工作条件都是基本正常的，故障的主要原因是加热器没有工作。引起加热器没有工作的主要原因有加热器本身断路，继电器损坏或没有供电电压，单片机没有输出控制电平，控制电路三极管等有异常等。

故障检修步骤如下。

第一步：判断加热器是否断路。

用万用表检测加热器是否有断路现象。若损坏，则更换。附带检测一下温控器 ST_1 触点是否常开，若常开，则更换 ST_1。

第二步：检测继电器线圈阻值和供电电压是否正常。

若继电器线圈损坏，则更换之。也可以用短路线短路继电器触点强制开机来快速判断故障。

第三步：检测单片机的 5 脚在开机后是否输出有正常的高电平信号。

若有高电平信号输出，则故障在单片机的后级电路，主要检测控制三极管 VT_1 等电路；若没有输出高电平信号，则是单片机的问题。

故障现象 3：操作显示都是正常的，但煮不熟饭

故障分析：该故障主要原因是煮饭时间有些短，导致加热温度过低。

故障检修步骤如下。

第一步：检测温度传感器 RT 或 R_{12} 阻值是否增大。

温度传感器 RT 损坏率相对来说较高，可以更换其试试。

第二步：判断三极管性能是否变差。

更换三极管 VT 试试。

第三步：检测继电器是否异常。

第四步：检测内锅和加热器是否变形。

故障现象 4：操作显示都是正常的，但熟饭常常烧焦

可参考故障现象 3 进行维修。

3.4.9 现场操作 13——电脑式电压力电饭锅常见的几个维修工艺

1. 苏泊尔 YC8 上盖拆卸的方法

苏泊尔 YC8 上盖拆卸的方法如图 3-40 所示。

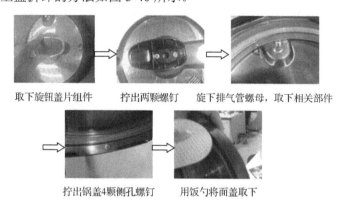

图 3-40　苏泊尔 YC8 上盖拆卸的方法

2. 苏泊尔 F3 电磁阀的安装方法

苏泊尔 F3 电磁阀的安装方法如图 3-41 所示。

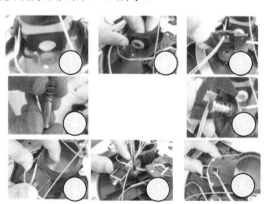

图 3-41　苏泊尔 F3 电磁阀的安装方法

3. 苏泊尔 F3 上盖拆卸的方法

苏泊尔 F3 上盖拆卸的方法如图 3-42 所示。

4. 清洗或更换球阀、球垫、安全阀

清洗或更换球阀、球垫、安全阀的方法如图 3-43 所示。

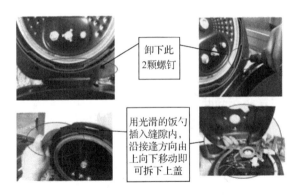

卸下此2颗螺钉

用光滑的饭勺插入缝隙内，沿接逢方向由上向下移动即可拆下上盖

图 3-42　苏泊尔 F3 上盖拆卸的方法

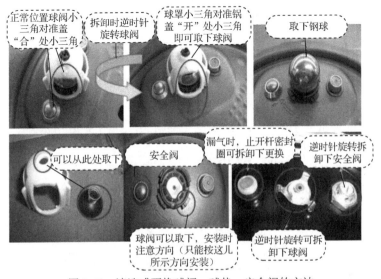

正常位置球阀小三角对准盖"合"处小三角

拆卸时逆时针旋转球阀

球罩小三角对准锅盖"开"处小三角即可取下球阀

取下钢球

可以从此处取下

安全阀

漏气时，止开杆密封圈可拆卸下更换

逆时针旋转拆卸下安全阀

球阀可以取下，安装时注意方向（只能按这儿所示方向安装）

逆时针旋转可拆卸下球阀

图 3-43　清洗或更换球阀、球垫、安全阀的方法

5. 苏泊尔 YC3 上盖拆卸的方法

苏泊尔 YC3 上盖拆卸的方法如图 3-44 所示。

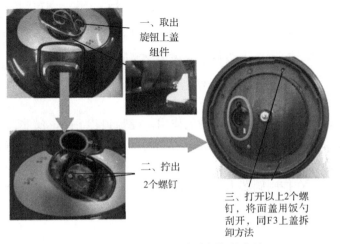

一、取出旋钮上盖组件

二、拧出2个螺钉

三、打开以上2个螺钉，将面盖用饭勺刮开，同F3上盖拆卸方法

图 3-44　苏泊尔 YC3 上盖拆卸的方法

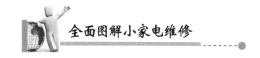

6. 苏泊尔美味系列压力控制阀动作示意图

苏泊尔美味系列压力控制阀杠杆突跳示意图如图 3-45 所示。

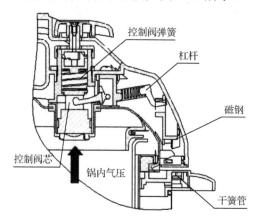

图 3-45　压力控制阀杠杆突跳示意图

当锅内压力上升时，带动控制阀芯上升，当上升到一定高度时杠杆处于水平位置，此时杠杆和控制阀座内的弹簧处于同一水平线的动平衡状态，如图 3-46 所示。

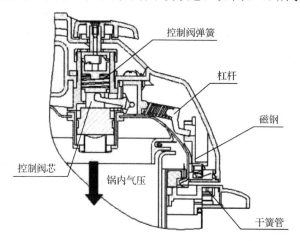

图 3-46　动平衡状态

当控制阀芯继续上升，由于突跳弹簧的作用，此时杠杆会实现突跳，其带动连杆活动，使磁钢向上旋转，干簧管由于失去磁性处于断开状态，控制板得信号从而控制加热盘加热。干簧管处于断开状态如图 3-47 所示。

当锅内压力下降时，受控制阀弹簧力的作用，控制阀芯下降，阀芯顶着杠杆继续下降到一定位置时，突跳弹簧带动杠杆恢复突跳，磁钢向下运动，干簧管受磁力影响吸合，加热盘加热，由此可使锅内保持一定的压力。

由于控制阀弹簧顶在控制阀芯上，当控制阀芯上升时，控制阀弹簧会压缩弹簧来控制锅内的压力。

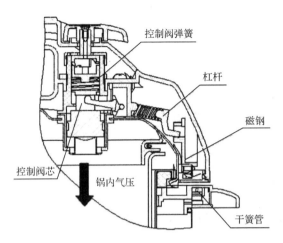

控制阀弹簧

杠杆

磁钢

控制阀芯

锅内气压

干簧管

图 3-47　干簧管处于断开状态

第 **4** 章

音响系列

4.1 功放分类、基本组成及电路形式

4.1.1 功放分类

常见功放的分类如图 4-1 所示。

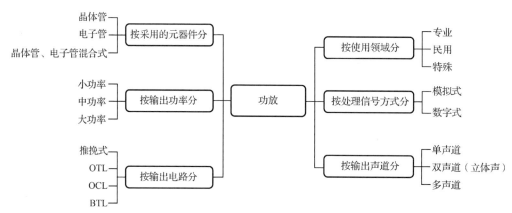

图 4-1 常见功放的分类

4.1.2 功放电路基本组成

一台功放大致可分为前置放大器、功率放大器和直流电源三大部分，如图 4-2 所示。

前置放大器主要包括均衡放大器、音源选择电路、输入放大电路和音质控制电路等。功率放大器主要包括激励级、输出级和保护电路等。直流电源是整机的能源供给。

各组成部分的主要功能如下。

（1）音源选择电路。其主要功能是选择所需要的音源信号送至后级，同时关闭其他音源通道。各种音源的输出是各不相同的，通常分为高电平与低电平两类。调谐器、录音座、VCD 等音源的输出信号电平一般为 50～500mV，称为高电平音源，可直接送至音源选择电路；而动圈式话筒的输出电平为 5mV 以下，称为低电平，要经均衡放大后才能送至音源选择电路。

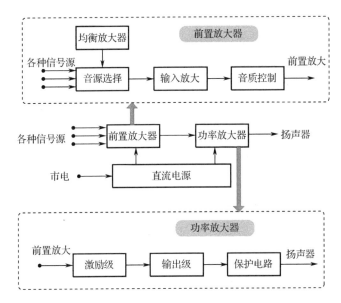

图 4-2　功放电路基本组成方框图

（2）输入放大电路。其作用就是将音源信号放大到额定电平，通常为 1V 左右。它的电路形式比较灵活，可设计为独立的放大器，也可在音质控制电路中完成所需的放大。

（3）音质控制电路。其目的是使音响系统的频率特性可以控制，以保证有高保真的音质。音质控制主要包括音量控制、响度控制、音调控制、左右声道控制、低音噪声和高频噪声抑制等。

（4）激励级。激励级又可分为输入激励级和推动激励级，前者主要提供足够的电压增益，后者还提供足够的功率增益，以便激励功放输出级。

（5）输出级。输出级的主要作用是产生足够的不失真输出功率。功率放大电路是整个功率放大器的最后一级，用来对信号进行电流放大。电压放大电路和激励放大电路对信号电压已进行了足够的放大，而功率放大电路需要对信号进行电流放大，以达到对信号功率放大的目的，这是因为输出信号功率等于输出信号的电流与电压之积。

（6）保护电路。保护电路用来保护输出级功率管及扬声器，以防其过载损坏。

此外，某些机型还有电平电路、回响电路等。

4.1.3　功放基本单元电路

1. 单管前置放大电路

单管前置放大电路通常采用交流负反馈共射极放大电路和射极跟随器电路。交流负反馈共射极放大电路如图 4-3 所示。

VT 为放大管；R_1、R_2 分别为上、下偏置电阻，把电源分压后为三极管提供正偏；R_3 为供电电阻，为三极管提供反偏，它同时又把放大电流转换为电压，因此又称负载电阻；R_4 为发射极电阻，又称负反馈电阻；C_1、C_3 分别为输入、输出耦合电容；C_2 为高频旁路电容，可以提高放大电路的放大能力；V_{CC} 为电源。

负反馈共射极放大电路具有输入阻抗高、失真小、电压增益基本不受晶体管参数的影响等特点,特别是在立体声通道中,其左、右声道所用电路性能的一致性容易实现。

射极跟随器电路如图 4-4 所示,该电路具有输入阻抗高、输出阻抗低、动态范围和谐波失真方面性能良好的特点,其电压增益要靠后级放大器来完成。

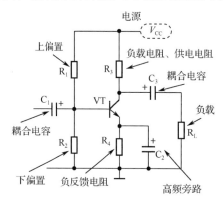 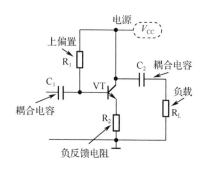

图 4-3　交流负反馈共射极放大电路　　　图 4-4　射极跟随器电路

由图 4-4 中可见,集电极为放大电路输入、输出信号的公共端,所以,为共集电极放大电路;放大电路的交流信号由三极管的发射极经耦合电容 C_2 输出,故名射极输出器。

利用输入电阻高和输出电阻低的特点,射极输出器被用作多级放大电路的输入级、输出级和中间级。将射极输出器放在电路的首级,可以提高输入电阻;将射极输出器放在电路的末级,可以降低输出电阻,提高负载能力;将射极输出器放在电路的两级之间(中间级),可以起到电路的匹配作用,可以隔离前后级的影响,所以又称为缓冲级,在这里它起着阻抗变换的作用。

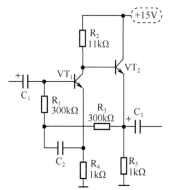

图 4-5　双管前置放大电路

2. 双管前置放大电路

为提高放大器的增益,经常采用如图 4-5 所示的双管前置放大电路。

图 4-5 为共射-共集直接耦合电流并联负反馈放大电路。其电压增益主要取决于第一级 VT_1 电路,输出阻抗取决于第二级 VT_2 电路。

3. 复合管与准互补输出电路

大功率的互补输出功放电路,多采用复合晶体管来用作功率输出管。复合管是由两个或两个以上的晶体管按一定方式组合而成的,它与一个高电流放大系数的晶体管相当。

组成复合管的各晶体管,可以是同极性的,也可以是异极性的。复合管的组成如图 4-6 所示。

组成复合管时一定要保证复合管内各晶体管有正常的工作点,并且要让复合管中第一个晶体管的发射极电流(或集电极电流)就是第二个晶体管的基极电流,这是使复合管能够工作并获得电流放大系数的条件。只要这些要求能满足,复合管的基极就是第一个晶体管的基极,复合管的导电极性就与组成复合管的第一个晶体管的导电极性相同,而与后面晶体管的极性及参加复合的晶体管个数无关。

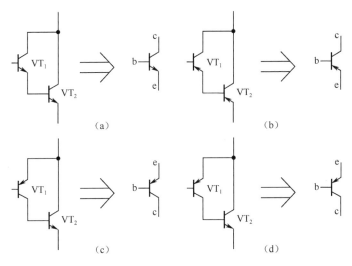

图 4-6　复合管的组成

复合管的电流放大倍数近似等于组成复合管的各晶体管电流放大倍数的乘积。用不同复合方式来组成复合管配对使用的互补输出电路，常称为"准互补输出电路"。

4. 音调控制电路

音调控制电路用来对音频信号各频段内的信号进行提升或衰减，调节输入信号的低频、中频、高频成分的比例，改变前置放大器的频率特性，以补偿音响系统各环节的频率失真，或满足听者对音色的爱好和需求。

常用的音调控制电路主要有反馈式和衰减式两种类型。

（1）RC 衰减式音调控制电路

如图 4-7 所示为 RC 衰减式音调控制电路。

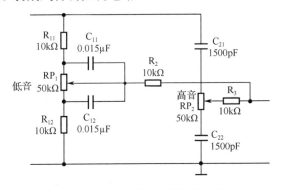

图 4-7　RC 衰减式音调控制电路

由于各电容容抗的大小在低音、中音和高音时不同，因此调节 RP_1 和 RP_2 时，从电位器上分压输出的音频信号的高低音的效果就会不同。RP_1 是低音控制电位器，调节 RP_1 对中音和高音的影响不大，而对低频信号的影响较显著。RP_2 是高音控制电位器，调节 RP_2 对中音和低音的影响不大，而对高频信号的影响较显著。

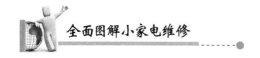

（2）RC 负反馈式音调控制电路

RC 负反馈式音调控制电路如图 4-8 所示。RP$_1$ 是低音控制电位器，RP$_2$ 是高音控制电位器，VT$_1$ 是放大三极管。

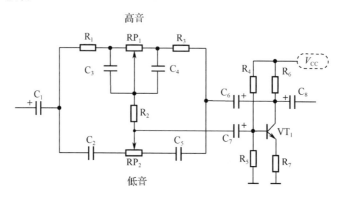

图 4-8　RC 负反馈式音调控制电路

5. 音量控制电路

常用的音量控制电路有电位器控制、数字集成电路式和波段控制式等。

常用的电位器音量控制电路如图 4-9 所示。利用电位器的分压来控制功放电路输入信号的大小，以达到控制音量大小的目的。

6. 差分放大电路

（1）电路结构

差分放大电路是由对称的两个基本放大电路，通过射极公共电阻耦合构成的，如图 4-10 所示。对称的含义是两个三极管的特性一致，电路参数对应相等。v_{i1}、v_{i2} 是输入电压，分别加到两管的基极，经过放大后获得输出电压 v_o，或 v_{o1}、v_{o2}。该电路具有以下特点：两个输入端、两个输出端；元件参数对称；双电源供电；当 $v_{i1}=v_{i2}$ 时，$v_o=0$。

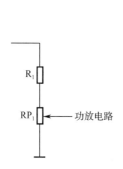

图 4-9　常用的电位器音量控制电路

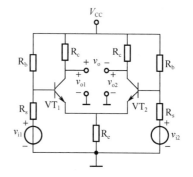

图 4-10　差分放大电路

（2）抑制零漂原理

因左右两个放大电路完全对称，所以在输入信号 $v_{i1}=v_{i2}$ 时，$v_{o1}=v_{o2}$，因此输出电压 $v_o=0$。当温度变化时，左右两个管子的输出电压 v_{o1}、v_{o2} 都要发生变动，但由于电路对称，两管的输出变化量（每管的零漂）相同，即 $\triangle v_{o1}=\triangle v_{o2}$，则 $v_o=0$。可见利用两管的零漂在输出端相抵消，从而有效地抑制了零点漂移。

（3）差分放大电路输入、输出方式

差分放大电路输入端可采用双端输入和单端输入两种方式。双端输入是将信号加在两个管子的基极。单端输入则是信号只加在一只管子的基极和地端，而另一只管子的输入端接地。差分放大器的输出端可采用双端输出和单端输出两种方式。双端输出时负载接在两个管子的集电极，负载不接地端。单端输出时，负载接在某个管子的集电极与地端，而另一个管子无输出。因此，差分放大器有 4 种连接方式，如图 4-11 所示。

双端输入和双端输出差分放大器如图 4-11（a）所示，可利用电路两侧对称性及 R_E 的共模反馈来抑制零漂。

单端输入、双端输出差分放大电路如图 4-10（b）所示。

单端输入、两单端输出差分放大电路如图 4-10（c）所示。

单端输入、单端输出差分放大电路如图 4-10（d）所示。

后三种接法的电路已不具备对称性，抑制零漂主要靠射极电阻的共模反馈来实现。

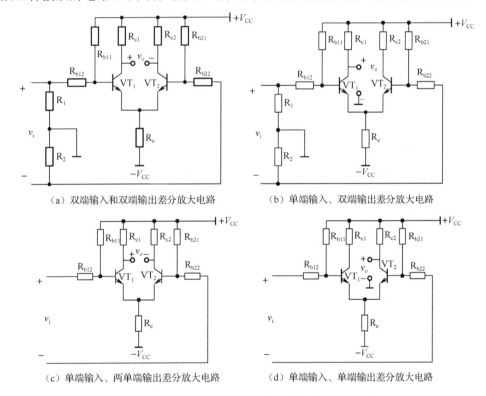

（a）双端输入和双端输出差分放大电路   （b）单端输入、双端输出差分放大电路

（c）单端输入、两单端输出差分放大电路   （d）单端输入、单端输出差分放大电路

图 4-11　差分放大电路有 4 种连接方式

4.2　功放主要单元电路的几种形式

4.2.1　音源选择电路原理

功放一般都同时担负着多种音源的放大任务，因此，单一的输入插口显然不能够满足这一要求，故功放一般都设置了多路音源选择电路。音源选择电路常见的几种形式如下。

1. 用机械开关做音源选择

用机械开关做音源选择是最简单的，机械开关做音源选择的电路如图4-12所示。

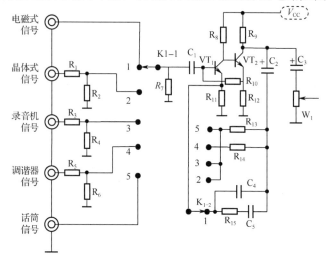

图4-12　机械开关做音源选择的电路

图中的音源有五路信号，用开关转换信号的优点是只需一组放大器，成本低，缺点是开关接线较多，易产生感应交流声。

2. 模拟电子开关音源选择电路

模拟电子开关音源选择电路通常由模拟电子开关电路充当音源切换开关来进行音源切换工作。常用的音源选择集成电路有CD4052、CD4053、CD4066等。奇声AV-757D功放音源选择电路如图4-13所示。

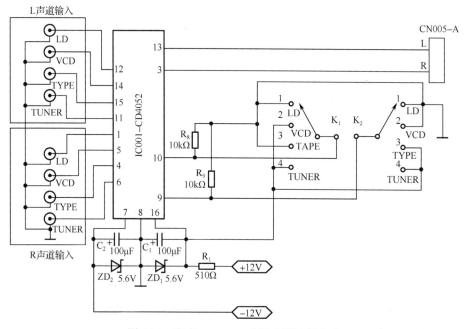

图4-13　奇声AV-757D功放音源选择电路

音源选择开关 K_1（双刀双掷开关）改变 CD4052 控制端（9、10 脚）的电平，从而控制 CD4052 内部的电子开关来接通不同的音源。CD4052 的真值表见表 4-1。

表 4-1 CD4052 的真值表

控制引脚电位			公共引脚接通的引脚号	
6 脚禁止	9 脚 B	10 脚 A	13 脚 X 公共端	3 脚 Y 公共端
L	L	L	12 脚 0X	1 脚 0Y
L	L	H	14 脚 1X	5 脚 1Y
L	H	L	15 脚 2X	2 脚 2Y
L	H	H	11 脚 3X	4 脚 3Y
H	*	*	不接通	不接通

当把开关 K_1 置于 1（LD 挡）时，CD4052 的两个控制端 9、10 脚均为低电平，内部电子开关把 12 脚与 13 脚接通，1 脚与 3 脚接通，将 LD 插口输入的音源信号接入后级电路。其他音源选择开关原理类似，不再赘述。

3. D 型触发器音源选择电路

中联 F-9500A 功放采用的是 D 型触发器音源选择电路，如图 4-14 所示。

TC40174C 是六 D 触发器。刚开机时，由 R_{105}、C_{76} 组成的清零电路使 IC_5 复位，2 脚输出高电平使 VT_{33} 导通，继电器 J_1 吸合，把 CD 输入端口与后级电路接通，同时 VD_{34} 点亮，显示选择音源为 CD。按动 AN_2 时，IC_5 的 4 脚得到高电平信号，同时高电平经过 VD_{44} 使 9 脚（时钟输入端）得到一个脉冲，5 脚输出高电平，使 VT_{34} 导通，J_2 吸合，将 AV 音源接入后级电路，同时 VD_{36} 点亮，显示选择音源为 AV。其他音源选择开关原理类似，不再赘述。

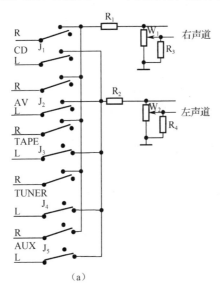

（a）

图 4-14 中联 F-9500A 功放 D 型触发器音源选择电路

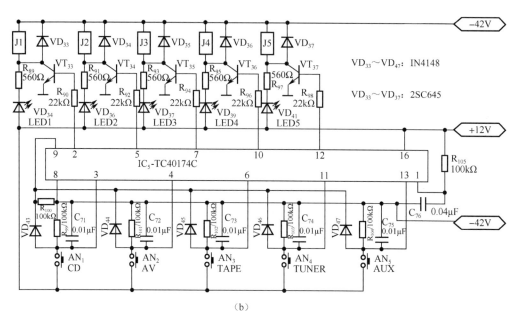

图 4-14 中联 F-9500A 功放 D 型触发器音源选择电路（续）

其他还有运放互锁、专用集成电路等音源选择电路，由于篇幅的问题，这里不再赘述。

4.2.2 前置放大电路原理

1. 集成前置放大电路

集成前置放大电路多采用的是运放，例如，NE5532、RC4558、NE5534、OP275、OPA2604、TL082、TL084\MC3307/33079、AD827、EL2030 等。NE5532 前置放大器原理如图 4-15 所示。

NE5532 是美国 SIG 公司输出的高保真、低噪声双前置放大电路，它具有动态范围宽、瞬间响应好、音质好等特点，在高级音响设备中被广泛应用。该集成电路的内部结构如图 4-16 所示，引脚功能见表 4-2，主要性能指标见表 4-3。

集成电路 NE5532 前置放大器的原理如图 4-15 所示。该电路主要由三部分组成：输入电路、前置放大电路和音调控制电路，现以左声道为例进行电路工作原理分析。

（1）输入电路

电路由 IN_1、IN_2 输入插口及 C_1、C_2、C_3、R_1、R_2 及 RP_{1A}、RP_2 等组成。其中 IN_1、IN_2 分别为两路不同信号源的输入端；C_1、C_2 为信号耦合电容；C_3、R_1、R_2 组成低通滤波网络，滤除输入信号中的高频杂波干扰；RP_{1A} 是音量控制电位器，控制输入信号的大小；RP_2 是左、右声道的平衡控制电位器，调节左、右声道输入信号的大小，使其基本一致。

（2）前置放大电路

前置电路由 IC_{1A}、C_4～C_7、R_3～R_8 等元件构成，是一个增益为 20dB 的线性放大器。其中 R_8 是该放大电路的交流负反馈电阻，用来稳定电路的增益，改变 R_8 的大小可改变放大器的增益。此外，R_4 是电路隔离电阻和输入电阻，C_6、R_6、C_7、R_7 为 IC_{1A} 的电压退耦电路。

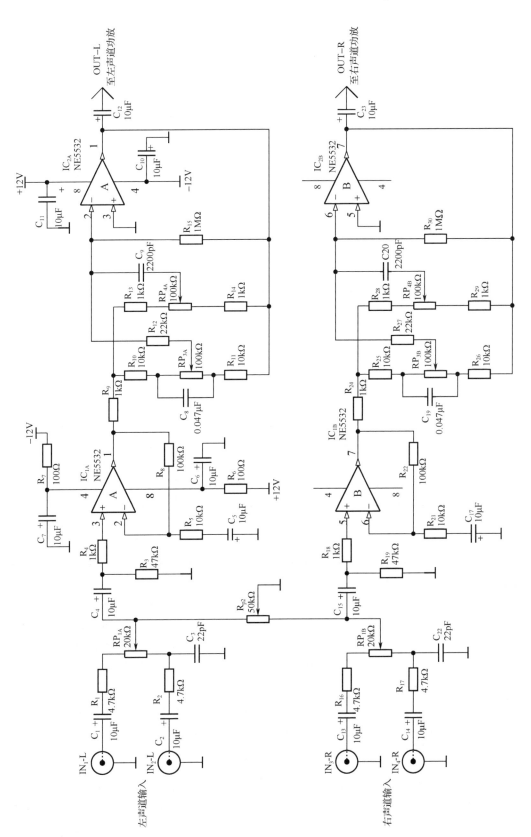

图4-15　NE5532 前置放大器

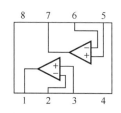

图 4-16　NE5532 内部结构图

表 4-2　NE5532 引脚功能

引脚号	引脚功能	引脚号	引脚功能
1	输出 1	5	同相输入 2
2	反相输入 1	6	反相输入 2
3	同相输入 1	7	输出 2
4	负电源	8	正电源

表 4-3　NE5532 主要性能指标

参数名称	符号	测试条件	NE5532/ NE5532A			单位
			最小值	典型值	最大值	
输出阻抗	R_{OUT}	AV=30dB, 闭环 f=1kHz, R_L=600Ω, 电压跟随器 VP-PIN=100mV, C_L=100pF, R_L=600Ω	—	0.3 10	—	Ω%
增益	AV	f=1kHz	—	2.2	—	V/mV
增益带宽积	GBW	C_L=100pF, R_L=600Ω		10	—	kHz
转换速率	SR	—		9	—	V/μs
功率带宽	FPBW	V_{OUT}=±10V, V_{OUT}=±14V, R_L=600Ω V_{CC}=±18V	—	140 100		kHz kHz

（3）音调控制电路

图 4-15 电路由 IC_{2A}、R_9～R_{15}、C_8～C_{11}、RP_{3A}、RP_{4A} 等元件组成衰减负反馈式音调控制电路。其中，RP_{3A}、C_8、R_{10}、R_{11} 组成低音控制网络，RP_{3A} 是低音控制电位器；RP_{4A}、C_9、R_{13}、R_{14} 组成高音控制网络，RP_{4A} 是高音控制电位器。R_{12} 是高、低音控制网络的隔离电阻，当 RP_{3A}、RP_{4A} 的动滑臂向上移动时，低音、高音处于提升状态；反之当滑臂向下移动时，低音、高音处于衰减状态。

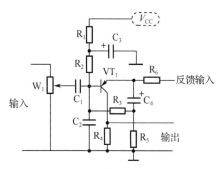

图 4-17　分立元器件前置放大电路

2.　分立元器件前置放大电路

分立元器件前置放大电路如图 4-17 所示。VT_1 为放大管，信号从基极输入，放大后从集电极输出，功放的中点电压作为反馈信号，反馈信号送至其发射极。

4.2.3 OCL 功放电路

双电源互补对称功放电路属于无输出电容功率放大器，OCL 为英文 Output Capacitor Less 的缩写。

乙类双电源互补对称 OCL 功放电路如图 4-18 所示。VT_1 为 NPN 型三极管，VT_2 为 PNP 型三极管。由一对 NPN、PNP 特性相同的互补三极管组成，采用正、负双电源供电。这种电路也称为 OCL 互补功率放大电路。

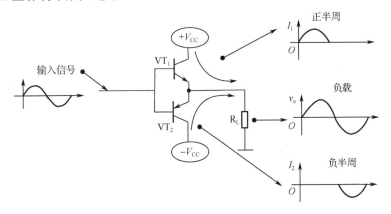

图 4-18　乙类双电源互补对称 OCL 功放电路

电路工作原理：两个三极管都是射极输出，当输入信号在正半周时，VT_1 导通；当输入信号在负半周时，VT_2 导通。两个三极管在信号的一个正、负半周轮流（交替）导通，使负载得到一个完整的波形。

静态时，由于 OCL 电路的结构对称，所以输出端的电位为零，没有直流电流通过负载，因此输出端不接隔直电容。

因乙类 OCL 电路工作时不考虑三极管死区电压的影响，输出是理想波形。实际上这种电路由于没有直流偏置，在输入电压低于死区电压时，两管都截止，即在正、负半周的交替处出现一段死区，这种现象称为交越失真。

为克服交越失真，在两个功放管基极串联电阻或二极管，利用电阻或二极管的压降为两管的发射结提供正向偏置电压，使管子处于微导通状态，即工作于甲乙类状态，如图 4-19 所示，此时负载 R_L 上输出的波形就不会出现交越失真，VT_3 为激励级（前置级）。

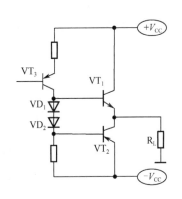

图 4-19　甲乙类 OCL 功放电路

奇声 AV-1100AV 功放电路如图 4-20 所示。

左声道信号经 C_1 送至 VT_1、VT_2 组成的差分输入放大电路，经其电压放大后，从 VT_1 的集电极输出至激励级 VT_3 的基极。激励信号从 VT_3 的集电极输出，分为两路：一路直接送至复合管 VT_5 的基极，当信号在负半周时，复合管导通；另一路经 $VD_1 \sim VD_3$ 送至复合管 VT_4 的基极，当信号在正半周时导通。放大后的信号从 VT_6、VT_7 的发射极输出，经 L_1 送至扬声器。

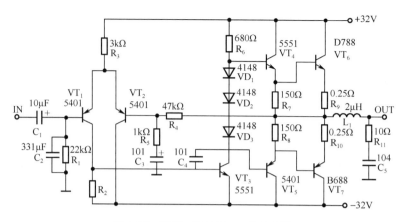

图 4-20　奇声 AV-1100AV 功放电路

4.2.4　OTL 功放电路

采用单电源供电的互补对称功率放大器的电路称为 OTL 电路（Output Transformer Less，无输出变压器）。OTL 乙类互补对称电路的工作原理与 OCL 基本相同。

OTL 功放电路的主要特点有：采用单电源供电方式，输出端直流电位为电源电压的一半；输出端与负载之间采用大容量电容耦合，扬声器一端接地；具有恒压输出特性，允许扬声器阻抗在 4Ω、8Ω、16Ω中选择，最大输出电压的振幅为电源电压的一半，即 $1/2V_{CC}$，额定输出功率约为 $(V_{CC})^2/(8R_L)$。如图 4-21 所示是 OTL 乙类互补对称电路。

为克服交越失真，需要给两个功放管加上较小的偏置电流，使每管的导电角略大于 180°，而小于 360°，此电路即为 OTL 甲乙类互补对称电路，常见的是利用两个二极管的正向压降给两个功放互补管提供正向偏置电压的电路。如图 4-22 所示是 OTL 甲乙类互补对称电路。

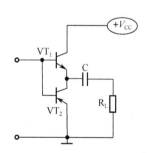

图 4-21　OTL 乙类互补对称电路

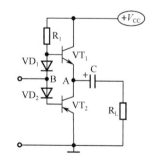

图 4-22　OTL 甲乙类互补对称电路

OTL 功放原理如图 4-23 所示。信号经音量电位器 W_1 调节，C_5 耦合至前置级 BG_3 的基极，从 BG_3 的集电极输出放大信号送至激励级 BG_4 的基极。激励信号从 BG_4 的集电极输出，分为两路：一路直接送至复合管 BG_6 的基极，当信号在负半周时，复合管导通；另一路经 VD_1、VD_2 送至复合管 BG_5 的基极，当信号在正半周时导通。放大后的信号从 BG_7、BG_8 的发射极输出，经中点电容 C_{12} 送至扬声器。

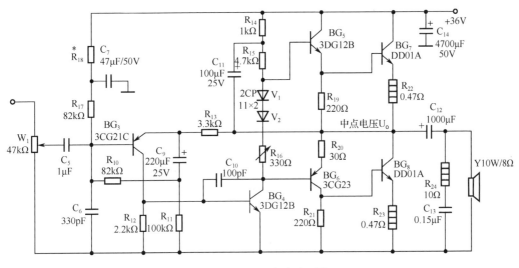

图 4-23 OTL 功放原理图

电路中其他元件的作用：BG_5 与 BG_7 复合为 NPN 管，组成推挽的上臂；BG_6 与 BG_8 复合为 PNP 管，组成推挽的下臂。R_{14} 与 C_{11} 组成自举电路；V_1、V_2 和 R_{16} 串联组成偏置电路，该电压最佳调整值应在 1.8V；R_{13}、R_{11}、C_9 组成交流负反馈，使频率特性和稳定性得以改善；C_{17}、R_{18} 为电源退耦滤波电路。

4.2.5 BTL 功放电路

BTL（Balanced Transformer Less）电路由两组对称的 OTL 或 OCL 电路组成，扬声器接在 OTL 或 OCL 电路输出端之间，即扬声器两端都不接地。BTL 功放电路简图如图 4-24 所示。

BTL 电路的主要特点有：可采用单电源供电，两个输出端直流电位相等，无直流电流通过扬声器，与 OTL、OCL 电路相比，在相同的电源电压和相同负载的情况下，该电路输出电压可增大 1 倍，输出功率可增大 4 倍，这表明其在较低的电源电压时也可获得较大的输出功率。

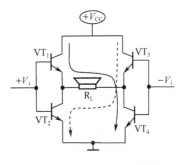

图 4-24 BTL 功放电路简图

4.3 功放保护电路

4.3.1 功放保护电路的作用和类型

功放电路大多数都是采用 OTL 或 OCL 电路，这种电路的功放输出与扬声器直接相连，虽然这样可以最大限度地展宽输出频响，但也有一个最大的缺点，即一旦功放电路出现故障，其输出端就会出现较高的直流电压，若无可靠的保护措施，而直接将该电压加至扬声器上，则昂贵的扬声器就会因流过大的直流电流而烧毁。因此，功放中一般都设置了扬声器保护

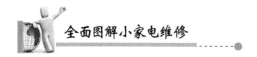

电路。

功放保护电路的类型如图 4-25 所示。

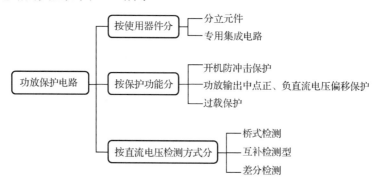

图 4-25　功放保护电路的类型

4.3.2　桥式检测功放保护电路

桥式检测功放保护电路如图 4-26 所示。

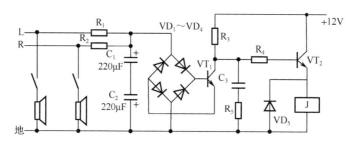

图 4-26　桥式检测功放保护电路

L、R 点接在功放的输出端，R_1、R_2、C_1、C_2 组成低通滤波器，同时 R_1、R_2 兼做输入的限流电阻，滤波电容 C_1、C_2 接成无极性电容，以便工作于交流电路。当电路正常时，整流检波器 $VD_1 \sim VD_4$ 的输入端电位为 0，其输出端也无输出，VT_1、VT_2 均截止，继电器不工作，扬声器通过继电器常闭触点与功放的放大电路接通而工作。当功放输出端出现正的或负的直流失调电压时，整流检波器 $VD_1 \sim VD_4$ 的输入端电位就不为 0 了，其输出端也有了输出，VT_1、VT_2 均导通，继电器工作，扬声器与电路断开。

4.3.3　分立元件组成的功放保护电路

分立元件组成的功放保护电路如图 4-27 所示。

功放电路正常时，其信号输出引脚 A 点只有交流信号电压，没有直流电压，所以 VT_1 或 VT_2 等各管均处于截止状态，保护电路不动作，S_{1-1} 处于接通状态，此时扬声器 R_L 正常接入电路中。

当 A 点出现正极性直流电压时：正极性直流电压经 R_1 加到 VT_1 的基极，使 VT_1 导通，其集电极为低电位，B 点也为低电位，VT_4 导通。VT_4 导通后，其集电极电流通过继电器的线圈 K，使 K_1 触头动作，触点 S_{1-1} 断开，使扬声器与功放之间断开，达到了保护扬声器的目的。

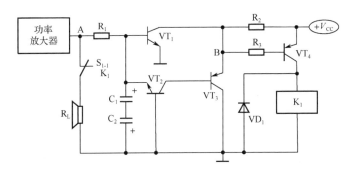

图 4-27 分立元件组成的功放保护电路

当 A 点出现负极性直流电压时：负极性直流电压经 R_1 一路加到 VT_1 的基极，使 VT_1 截止；另一路加到 VT_2 的发射极，使 VT_2、VT_3 导通，使 VT_3 发射极为低电位，即 B 点为低电位，VT_4 导通。VT_4 导通后，其集电极电流通过继电器的线圈 K，使 K_1 触头动作，触点 S_{1-1} 断开，使扬声器与功放之间断开，达到了保护扬声器的目的。

4.3.4　专用集成电路的功放保护电路

如图 4-28 所示是一种专门用于 OCL 等功放电路的扬声器保护电路，它能有效地消除功放开关的冲击噪声，防止输出端直流漂移零电位及功放过流时损坏扬声器。

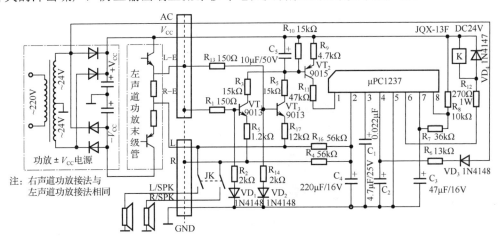

图 4-28　扬声器保护电路

$\mu PC1237$ 由单电源供电时，8 脚是电源端子，最高极限为 8V，当工作电压不同时，可改变 R_8 适应之。继电器 K 的工作电压为 24V，串入 R_{12} 是为了适应不同电源电压的要求。保护电路工作电压为 25～60V。

$\mu PC1237$ 的 7 脚是扬声器接入延时控制端，延时时间的长短由 C_3、R_7 对应的时间常数决定。通电后，延时电路起作用。待功放电路达到平衡稳定后，延时电路才让继电器吸合，接通扬声器通路，从而避免了开机冲击声对扬声器的影响。

$\mu PC1237$ 的 4 脚是交流断电检测端子，防止功放关机的噪声冲击扬声器。当功放电源开关关断时，变压器次级交流电压马上消失，此时小容量电容 C_2 经 7 脚内阻快速放电，7 脚电位迅速下降，内部电路控制继电器动作，断开扬声器通路，从而防止断电后的过渡过程中功放输出失去平衡而对扬声器产生关机冲击声。4脚的检测最高极限电压为10V。当变压器的次级电压不同时，可改变R_6阻值使之适应。

μPC1237的2脚是功放输出中点漂移检测端子。当2脚检测到L或R声道的功放中点直流电位发生正或负的漂移，且超过设定的阈值时，内部电路马上使继电器释放，断开扬声器，达到保护扬声器的目的。电路内部设定的控制阈值为±1V左右。

μPC1237的1脚是功放过流检测端子。电路提供VT_1、VT_3分别对L或R声道功放输出管的发射极电阻压降进行取样。当功放输出超过额定电流值时，发射极电阻上的电压将超过保护电路设定的过流阈值电压，则VT_1或VT_3导通，引起VT_2也导通，电源电压经R_9、VT_2、R_{11}加至1脚，只要流入1脚的电流超过110μA，内部的变化电路就控制继电器断开扬声器，实现过流保护，既保护了扬声器，又保护了功率管。

μPC1237的3脚是扬声器保护电路工作方式选择端子。当3脚直接接地时为自动复位工作方式，即在变化电路动作，继电器断开扬声器后，若功放电路恢复正常，继电器则自动恢复接通扬声器。当3脚经电容C_1接地时则为锁存工作方式，即继电器一旦动作断开扬声器，将一直继续保护，无论功放电路是否恢复正常，一直到电源开关关断后电路重启为止。

4.4　功放电路的检修

4.4.1　LM1875组成的20W功放原理

LM1875是NS公司生产的20W功放集成电路，其外形和引脚功能如图4-29所示。

1脚——同相输入

2脚——反相输入

3脚——负电源

4脚——功率输出

5脚——正电源

图4-29　LM1875外形和引脚功能

LM1875组成的20W功放原理及实物图如图4-30所示。

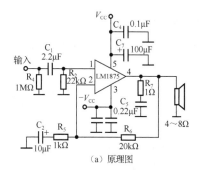

（a）原理图

电源电路板

功放电路板

（b）实物图

图4-30　LM1875组成的20W功放原理及实物图

LM1875 功放工作原理：信号经 C_1 耦合送至 1 脚的同向输入端，经内部放大后从 4 脚直接输出。电路中，R_2 为输入和偏置电阻，电路的输入电阻约等于 R_2 的阻值；R_6 为交直流负反馈电阻；R_5 为交流负反馈电阻；C_2 为隔直电容。R_7、C_5 为高频旁路网络，以提高低频音质。

4.4.2 现场操作 14——LM1875 功放的检修

故障现象 1：无声

故障分析：造成集成功放电路损坏的主要原因有：没有供电电压或超过供电电压规定的极限值；负载有短路、过载或断路；长时间以最大功率输出；散热不良；集成电路本身损坏；某些元件老化、变质等。

检修方法与步骤如下。

第一步：检查扬声器是否有问题。

将万用表置于欧姆挡（×1Ω），一搭一放碰触扬声器的两个接线端子，若没有"哒哒"的响声，表明扬声器有问题。

第二步：检查供电电压是否正常。

从 LM1875 主要参数资料中可知，LM1875 供电电压如表 4-4 所示。

表 4-4　LM1875 供电电压

供电	最小值	典型值	最大值	单位
双电源	±8	±15	±30	V
单电源	16	24	60	

若供电电压不正常，则脱焊开 LM1875 的 3、5 脚，再次测量供电电压，这次测量如果正常了，则是集成电路有问题；如果还是不正常，则为电源有问题。

若供电电压正常，再继续下一步。

第三步：检查集成电路的各引脚电压。

若某个或某几个引脚电压不正常，先检查其外围元件，若外围元件损坏则更换；若外围元件没有损坏，则更换集成电路试试。

第四步：检查耦合、反馈、旁路电容。

若耦合、反馈、旁路电容损坏，则更换；否则，更换集成电路试试。

故障现象 2：一开机就烧毁熔断器

故障分析：主要原因可能是整流桥或集成电路有短路现象，其次是线路连接线有短路问题等。

检修方法与步骤：用正反电阻法判断整流桥、集成电路是否有短路现象，更换短路的元件。若没有上述短路现象发生，就检查线路的连接线。

4.5 高士 AV-115 功放电路原理与检修

4.5.1 高士 AV-115 功放电路原理

高士 AV-115 功放原理（右声道）如图 4-31 所示，电路由输入级、电压激励级和输出级等组成，从前级电路送来的输入信号经 R_{122}、C_{121} 耦合，再经过由 C_{140}、R_{123} 组成的低通滤波器滤波后。加至由 VT_{114}、VT_{115} 和 VT_{116}、VT_{117} 组成的双差分放大电路。

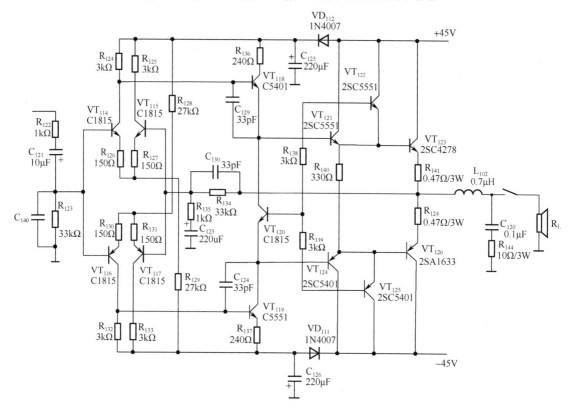

图 4-31 高士 AV-115 功放电路原理（右声道）

两个双差分放大电路放大后的信号，送至 VT_{121}、VT_{124} 组成的互补激励放大电路，VT_{121}、VT_{122} 及 VT_{124}、VT_{125} 并联工作，以提高激励级电流。VT_{120} 和 R_{138}、R_{139} 组成 VT_{122}、VT_{125} 的偏置和温度补偿电路。然后再送至输出级 VT_{123}、VT_{126}。

R_{134}、C_{130}、R_{135}、C_{123} 可组成交流、直流负反馈网络。C_{130} 为相位超前补偿电容，可防止多级放大器晶体管集电极电容的移相作用使输出端信号相位逆转，即破坏自激条件，避免电路自激。

VD_{111}、VD_{112} 组成隔离式供电，这样做可以明显地改善大动态性能。

4.5.2 现场操作 15——高士 AV-115 功放电路的检修

故障现象：完全无声

故障分析：完全无声表明放大器和扬声器不工作。常见的原因有电源损坏、功放级晶体管损坏、电路中断或短路、因自激而产生的无声等。

检修方法与步骤如下。

第一步：检测熔断器是否被烧毁。

如果是熔断器烧毁，还要先查出烧毁的原因。当有短路情况（如大功率晶体管击穿）时，应把短路故障排除后，更换熔断器，再次通电。常见短路元件有功放级晶体管或滤波电容击穿、整流桥短路、连接线相碰等。

首先应检查输出级，特别是输出管。功放后级的输出管是最容易被烧坏的元件，一旦功放对管之一被击穿，加在另一只功放对管上的电压就会增加一倍，造成另一只功放管也会迅速被击穿。在基本故障没有排除之前，不应通电检修，应选电阻法等进行检查、检修。

初步用电阻法在机测量判断大功率管是否被击穿，若有击穿现象，则拆焊下所有晶体管，对其进行裸式检测。条件允许的话，若一组大功率管损坏，把另一组大功率管也一并换掉，目的是保证管子的配对性。

若功放管没有被烧毁，最容易出现故障的部位就是保护电路了。这部分电路主要应检查的元器件是继电器或可控硅。

第二步：检测电源输出电压。

如果交流有输入，但无直流输出，应检查整流部分的元件和接线有无断路情况。

电源部分最常见的故障是电源变压器短路或严重烧毁、整流桥击穿、滤波电容击穿或漏液等。只有在电源电压正常的情况下，才能进一步检查。

第三步：检测扬声器或音箱。

只有在确保扬声器或音箱正常的情况下，才能试机功放。在维修中往往会忽略这一点。也可以一开始就检测扬声器或音箱。例如，扬声器损坏及连接线碰线、插头座接触不良等。

第四步：逐级检查。

如果是扬声器及放大器输出部分的故障，扬声器将一点声音也没有。但若是前级的问题，扬声器仍会发出轻微的噪声，此时转动音量、音调电位器，该噪声的大小会随之改变。若是输入信号线的故障，则用其他信号输入时，功放仍可正常工作。

利用逐级检查法可迅速判断故障发生在功放的哪一部分。具体方法是：用手捏着小螺丝刀的金属部分，分别去碰触功放的功率放大级、中间放大级、前置放大级的输入端，此时如功放正常工作，扬声器应有轻微的"噼啪"声发出，碰触的部位越靠近前级，声音越大。若前级的输入阻抗较高，触及其输入端时，还会使扬声器发出强烈的交流感应声。如果从后级往前，碰触到某级输入端，该感应声消失或很微弱，便说明故障发生在这一级电路，或发生在与这级有直接耦合关系的部分。

如果晶体管的直流工作状态正常，但是无声，则故障多由耦合电容或旁路电容断路所引起的。

第五步：通电试机。

由于前级采用差分放大输入，末级则采用互补大功率对管输出，前后级之间直接耦合。

由于采用多管直接耦合，一旦某只元件变质或损坏，会造成整个电路工作点的改变，轻则导致声音小而失真，重则造成元器件大面积损坏，甚至烧毁扬声器系统。一点电压的改变，会引起多点电压随之改变，这也给故障的判断和检修带来了极大的困难。在检修此类功放时，如果故障排除得不彻底，通电试机时往往会引起新器件的再次损坏。

经初步检查，更换损坏元件后，进入关键的通电试机阶段。为防止损坏扬声器和大功率管，试机前先不接扬声器系统，在输出端与地之间（即图 4-31 中的 L_{102} 点与地点之间）接一只假负载（20～50Ω/20～50W 线绕电阻，或 25W 的电烙铁）。其次，断开末级大功率管的任意两个电极或先不安装大功率管；保留激励管做互补推挽输出。接着，在功放电源市电输入端串接一台调压器，从 50V 开始向功放供电，并监测输出端中点电压。这一电压应为 0±0.5V。如果中点电压不符合正常值，应立即停机检查。此时由于供电较低，一般不会造成元器件损坏。如果中点电压正常，可逐渐提高电源电压，一边监测中点电压，一边观察有无变色、冒烟元件，同时用手摸推动管温度。如果市电升到正常值，通电半小时输出端电压保持不变，推动管无温度上升或元器件无变质变色，则表明以上元件的工作状态正常，可继续进行下一步的检查维修。

接入大功率管，保持假负载，降压供电，监测中点电压。以从交流 50V 起逐渐升压的方法继续通电试机。必要时，应对整机静态电流、中点电压进行相应的调整。如果中点电压失常，应重点检查末级功放管及外围电路。直到中点电压稳定，功放管不发热为止。

拆去假负载，接入扬声器和信号源，正常供电试机。

4.6 功放电源电路原理与检修

4.6.1 功放电源电路原理

下面以柴尔功放机为例，来分析功放电源电路原理，其原理如图 4-32 所示。

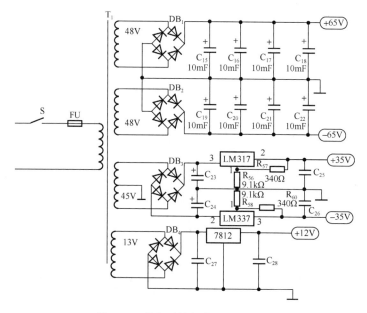

图 4-32 柴尔功放机电源电路原理

220V 市电经变压器 T_1 降压，得到 4 组交流低压。其中，2 组 48V 绕组经过 DB_1、DB_2 桥式整流，C_{18}～C_{21} 滤波，得到±65V 直流电压，供给功放的主电源；1 组双 45V 绕组经过 DB_3 整流，C_{23}、C_{24} 滤波，送至稳压器 LM317/LM337 稳压，C_{25}、C_{26} 滤波，得到±35V 直流电压，供给激励级电路，稳压器输出的电压值≈1.25×（$1+R_{56}/R_{57}$）≈35V。1 组 13V 绕组，经 C_{27} 滤波，稳压器 7812 稳压，C_{28} 滤波，得到 12V 直流电压，供给控制电路。

4.6.2 现场操作 16——功放电源电路的检修

故障现象 1：烧熔断器

故障分析：烧熔断器说明功放有短路现象存在。可能的短路源是电源变压器、整流桥、滤波电容、稳压器等元件。

检修方法与步骤如下。

第一步：脱焊下电源各组的后级负载。

如果还烧熔断器，则故障在电源电路；否则，故障在后级负载。

第二步：用正反电阻法排查。

用正反电阻法排查短路的元件，然后更换其元件。

故障现象 2：无电压输出

故障分析：熔断器完好但无电压输出，一般是断路性故障。可能的断路源是电源变压器、整流桥、稳压器、线路铜箔等元件。

检修方法与步骤：建议用电压法逐步测量、排查。

若仅是某一路无输出，则故障多发生在相应的支路中。

故障现象 3：输出电压低

故障分析：输出电压低，可能是电源本身带负载能力差，也可能是负载有短路现象存在。

检修方法与步骤：检测电源各组电压。

若是全部输出电压过低，则应检查输入电路，特别是市电电源电压是否过低。

若是个别输出电压偏低，则应主要检查该支路的绕组、整流桥、滤波电容、稳压器及后级负载。

第 5 章

电磁炉

5.1 电磁炉方框图

5.1.1 电磁炉整机系统方框图

电磁炉由电源电路、主电路、保护与检测电路、MCU、控制与显示电路五大系统组成。电磁炉整机系统方框图如图 5-1 所示。

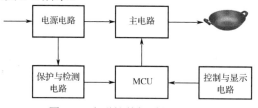

图 5-1 电磁炉整机系统方框图

5.1.2 电磁炉整机方框图

1. 电磁炉整机方框图

电磁炉整机方框图如图 5-2 所示。

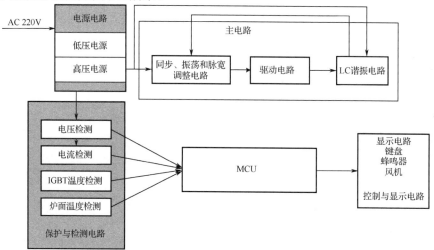

图 5-2 电磁炉整机方框图

电源电路由低压电源和高压电源组成；主电路由同步电路、振荡电路、脉宽调整电路、驱动电路、LC 谐振电路等组成；MCU 是一个独立的单元电路；保护与检测电路由电压检测、电流检测、IGBT 温度检测、炉面温度检测等组成；控制与显示电路由显示电路、键盘、蜂鸣器、风机等组成。

2. 各电路的主要作用

电磁炉中各电路的主要作用如表 5-1 所示。

表 5-1　电磁炉中各电路的主要作用

电源电路	电源电路的主要作用是把交流电变换为平稳的直流电，作为整机电子电路的能源供给。它主要提供两大输出电压，即高压供给高频振荡电路的输出级，低压供给其他电路
主电路	主电路的主要作用：产生一个高频振荡信号，且该信号受同步电路控制，并能实现脉宽调节，经驱动电路放大后，激励开关电路正常、可靠地工作，即把交变电流转换成磁能
单片机（MCU）	单片机其主要作用：形成和识别用户操作命令，对用户操作命令进行处理并输出相应的控制信号，同时检测整机的工作状态
控制与显示电路	控制与显示电路的主要作用是实现人机操作及对话
保护与检测电路	保护与检测电路的主要作用：保证整机电路，特别是 IGBT 管能够可靠、正常、稳定地工作

5.2　电磁炉分类与基本结构

5.2.1　电磁炉分类

电磁炉分类如图 5-3 所示。

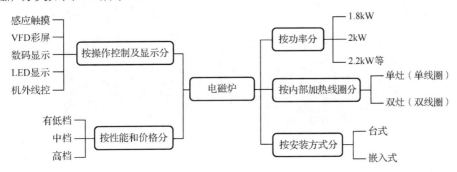

图 5-3　电磁炉分类

5.2.2　电磁炉基本结构

电磁炉的厚度一般在 80mm 以下，它主要由外壳和电路板两部分组成。外壳部分主要有炉台面板、操作面板和外壳；电路板部分主要有主控电路板、控制电路板、加热线圈和风扇等。

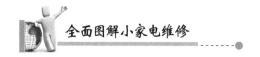

电磁炉整机一般包括如下零件。

1. 炉台面板

炉台面板又叫微晶玻璃板、陶瓷板，位于电磁炉顶部，主要作用是支撑烹饪锅具，它一般用 4mm 厚的结晶陶瓷玻璃（又称微晶玻璃）制成，不同于普通的陶瓷或玻璃，该材料具有良好的绝缘性能、机械硬度、耐高低温冲击、抗机械冲击性，且耐水、耐酸碱腐蚀，在高温使用中沾水不爆裂，导热性能良好。炉台面板如图 5-4 所示。

图 5-4　炉台面板

2. 操作面板

操作面板又叫显示控制板、灯板，位于壳内，主要作用是实现人机对话，进行功能显示及功能按键操作。通过该面板上的操作，可实现开/关机、火力、温度、时间和各种烹饪功能的调节和切换，同时，用显示的方式告诉操作者目前的工作状态，以便于操作和使用。操作面板如图 5-5 所示。

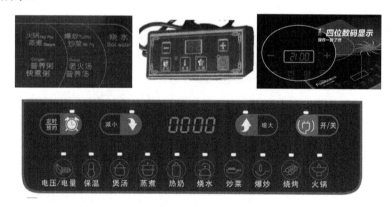

图 5-5　操作面板

3. 电路板

电路板主要有主控电路板和控制电路板。

主控电路板又叫电源板、主板，位于壳内，是电转换控制的主工作部分。

控制电路板主要作用是接受操作面板传递过来的操作命令，控制主控电路正常工作及工作状态显示。电路板如图 5-6 所示。

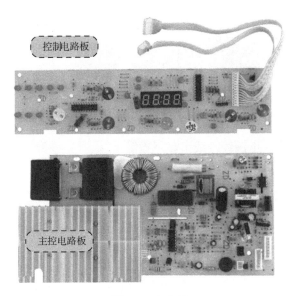

图 5-6　电路板

4. 加热线圈

加热线圈位于机壳内，是主工作器件，发射磁力线自身也会发热（这个发热是有害的）。加热线圈如图 5-7 所示。

图 5-7　加热线圈

5. 风扇

电风扇位于壳内，通过吸风将炉内热量带到壳外，起降温作用。风扇如图 5-8 所示。

图 5-8　风扇

6. 温度传感器组件

温度传感器位于壳内，嵌在发热盘的中间，用橡胶头或其他方式顶住陶瓷板，用于控制炉面锅具的温度。温度传感器如图 5-9 所示。

图 5-9　温度传感器

此外还有上盖、面膜、电源线及线卡、下盖等。

上盖：用耐温塑料制成，作为电器的外保护壳。

面膜：用塑料薄膜制成，用于功能显示及按键操作指示。

电源线及线卡：连接市电与电磁炉，提供电源通道。

下盖：用耐温塑料制成，作为电器的下保护壳，具有支撑内部器件及锅具作用。

7.　一般功能说明

显示界面有 LED 发光二极管显示、数码管、LCD 液晶、VFD 荧光屏显示几种模式。

操作方式有轻触按键、薄膜按键、触摸按键、编码器、电位器等模式。

操作功能有加热火力调节、自动恒温设定、定时开机、预约开/关机、电量电压查询、自动功能和半自动功能（蒸煮、煮粥、煲汤、煮饭）、手动功能（煎、炸、炒、烤、火锅）等料理功能。

8.　保护功能说明

具有锅具超温保护，锅具干烧保护，炉面传感器断路、短路保护，炉面失效保护，IGBT 测温传感器断路、短路保护，IGBT 温度限制控制和超温保护、高低压保护，2 小时无按键保护，浪涌电压/电流保护，高低温环境工作模式，VCE 过压保护、过零检测、大小物检测、锅具材质检测等。

5.3　艾美特电磁炉工作原理

电磁炉是一种利用电磁感应原理将电能转换为热能的厨房电器。在电磁炉内部，由整流电路将 50/60Hz 的交流电压变成直流电压，再经过控制电路将直流电压转换成频率为 20～

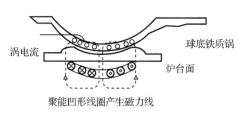

图 5-10　电磁炉加热原理简图

40kHz 的高频电压，高速变化的电流流过线圈会产生高速变化的磁场，当磁场内的磁力线通过金属器皿（导磁又导电的材料）底部金属体内产生的无数小涡流，使器皿本身自行高速发热，然后再加热器皿内的食物，实现无明火煮食。电磁炉加热原理简图如图 5-10 所示。

下面以艾美特电磁炉为例，来学习电磁炉的原理与维修。艾美特电磁炉原理图见附录部分。

5.3.1　电源电路

电源电路原理如图 5-11 所示。

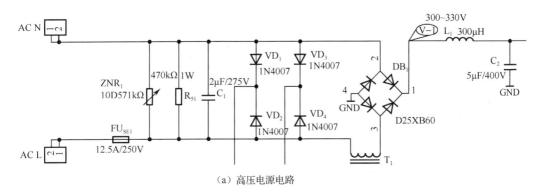

（a）高压电源电路

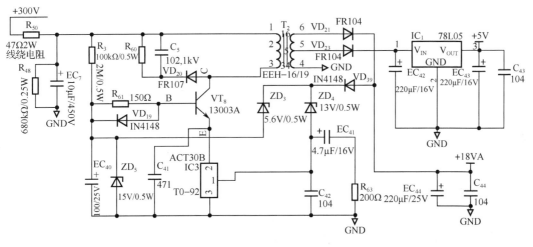

（b）开关电路

图 5-11 电源电路原理

开关电路的主要作用：为整机电路工作提供可靠的直流 18V 及直流 5V 电压。

（1）高压电源电路

高压电源电路主要由 FU_{SE1}、ZNR_1、R_{51}、C_1、DB_1、L_1、C_2 等组成。

交流 220V/50Hz 经过熔丝 FU_{SE1}、EMC 防护电路（ZNR_1、R_{51}、C_1）、整流桥（DB_1）和滤波电路（L_1、C_2），得到直流高电压（300V）提供给主电路。

熔丝 FU_{SE1} 在电路烧坏的情况下自动切断电磁炉与电网的连接，以保护电网。

EMC 防护电路主要作用是提高品质因数、抑制骚扰电压和抗击雷电冲击。

整流桥 DB_1 的主要作用是将交流 220V 转换成脉动电压，为电磁炉谐振电路提供工作电压。

滤波电路（L_1、C_2）是将直流脉动电压转换为平滑的直流电。

（2）低压电源

低压电源如图 5-12 所示。低压电源采用的是开关电源方式，它将交流电电压转换为 18V 和 5V 直流电压。其中，18V 是供给 IGBT 驱动，5V 是供给单片机、显示板、信号采集提供基准电压等电路。

直流高电压（300V），经 R_{50} 限流、R_{48} 和 EC_7 滤波后，经开关变压器初级加到开关三极管 VT_8 的集电极作为供电电压；该电压同时经过 R_3、R_{61} 电阻降压加到开关管 VT_8 的基极，作为开关管的启动电压，使变压器初级产生电流进而产生电压。当 VT_8 导通后，经过 ACT30B 的 2 脚

（DRV）给 1 脚电容 EC_{41} 充电，当电容充到 5V 后，2 脚与 3 脚接通，EC_{41} 放电；下降到 4.6V 后，2 脚与 3 脚断开，周而复始的工作。ZD_3、ZD_4、D_{19} 组成反馈电路，控制输出电压稳定在 18V 和 5V。

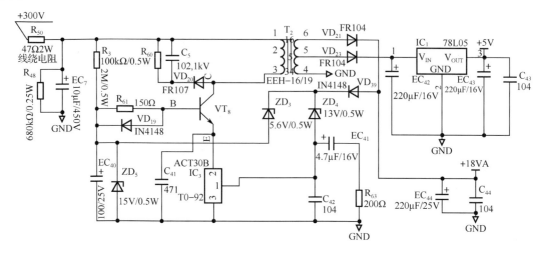

图 5-12 低压电源

图中 R_{60}，C_5、D_{20} 构成 RCD 缓冲保护吸收电路，用于抑制三极管关断后变压器产生过电压，减小关断时损坏三极管的可能。当该电路的变压器受到浪涌后，因本身具有感应电动势及自身的漏感误差，使得与 VT_8 相接的点电压会升高，通过吸收回路，把高出部分电压又送回电源。

VD_{21}、VD_{23} 是快恢复整流二极管，变压器次级输出的脉冲电压经过这两个元件整流，得到两路电压。

VD_{21} 整流、EC_{44} 滤波、C_{44} 高频旁路，得到+18V 电压。+18V 电压提供给 LM339 及风扇等电路工作。VD_{23} 整流、EC_{44} 滤波、IC_1（7805）稳压、EC_{43} 滤波、C_{43} 高频旁路，得到+5V 电压；5V 电压供单片机及显示板等工作。

此电路发生异常易出现过流保护、死机、爆机、上电无反应等现象。

5.3.2 主回路的谐振电路

主回路的谐振电路原理如图 5-13 所示，工作原理如表 5-2 所示。

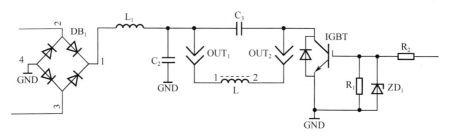

图 5-13 主回路的谐振电路原理图

表5-2 谐振电路工作原理

工作过程	工作原理
储能过程	当电路中的 IGBT 管 G 极为高电平时，IGBT 管饱和导通，导通电流回路为+300V→L→C 极→E 极→地，电能转换为磁能存储在线圈 L 中
泄放能量过程	当 IGBT 管 G 极为低电平时，IGBT 管截止，但由于电感不允许电流突变，电流流向谐振电容 C，向 C 充电，充电电流由大至小变化，即线圈能量的泄放。当线圈的能量全部放完时，谐振电容 C 两端的电压 V_c 达到最高值（电源电压叠加峰值电压），此电压值为确定 IGBT 管和谐振电容 C 耐压值的依据
转移能量	此后谐振电容开始放电（IGBT 还在截止状态），电流方向为负向。电容 C 上的能量再次被转移到线圈上
过零状态	当谐振电容 C 两端的电压出现过零状态，即谐振电容 C 两端的电压由正值向负值变化时，控制电路使 IGBT 管再次导通
一个振荡周期	这时 LC 振荡回路完成一个振荡周期。之后，IGBT 管控制极加入的开关信号，又变为正脉冲，IGBT 管从截止状态又变为导通状态，如此周而复始地工作下去
🔔	由理论计算可知：①IGBT 管在截止期间，C 极上的脉冲峰值很高，要求 IGBT 管、阻尼二极管 ZD、谐振电容 C 的耐压应足够高。②振荡频率由电感 L 的感抗和谐振电容 C 的容抗所决定。③IGBT 管在截止期间，也是开关脉冲没有到达的时间，这个时间关系是不能错位的，如果峰值脉冲还没有消失，而开关脉冲已提前到来，就会出现很大的瞬间电流导致 IGBT 管烧毁。因此必须保证开关脉冲的前沿与峰值脉冲的后沿严格同步。高频频率一般为 20～30kHz

5.3.3 同步及自激振荡电路

同步及自激振荡电路原理如图 5-14 所示。同步及自激振荡电路的主要作用是跟踪谐振波形，提供合理的 IGBT 导通起点，提供脉冲检锅信号；同时，通过调节脉冲宽度，达到控制加热功率的目的。

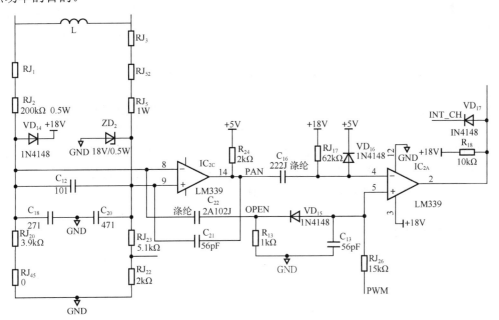

图 5-14 同步及自激振荡电路原理图

原理：采用电阻分压及电容延时的方式跟踪谐振电路两端电压变化；自激振荡回路、启动工作 OPEN 口、检测合适锅具 PAN 口。

电阻 RJ_1、RJ_2 和 RJ_3、RJ_{52}、RJ_5 分别接到谐振电容与线盘 L 两端，静态时运放 LM339 的 8 脚（−端）比 9 脚（+端）电压要低（通常两端电压压差在 $0.2\sim0.4V$ 比较理想），14 脚输出高电平。C_{16} 电容两端都是高电平，所以不起作用，4 脚由于接了 RJ_{17} 上拉电阻，也被拉高，在静态时 OPEN 端口通常被 CPU 置为低电平，由于 5 脚与 OPEN 端口接了二极管 D_{15}，当 OPEN 端口被置低时，5 脚电压钳位在 $0.7V$，此时 4 脚（−端）电压比 5 脚（+端）电压要高，导致 2 脚输出低电平，控制 IGBT 关闭，不能加热。

电容 C_{18}、C_{20} 起调节谐振电路的同步，减少噪声及温升过高的作用。C_{21} 是反馈电容，当 14 脚输出低电压时，反馈到 9 脚，使 9 脚电压拉低，让 14 脚更快达到低电平。

1. 在无锅开机启动时

先在 OPEN 端口发出一个十几μs 的高电平（检锅脉冲），通常是每秒发一次，5 脚由于二极管 VD_{15} 的反偏而截止，由 PWM 端口输出的脉宽由电容平波后送到 5 脚，5 脚电压也由十几微秒级（μs）的变高宽度，由于 OPEN 口的瞬间高电平输出，电容 C_{22} 耦合，8 脚（−端）相当于瞬间加到 5V，8 脚电压比 9 脚（+端）高，14 脚输出低电平。C_{16} 电容也起耦合作用，把 4 脚电压拉低，所以 5 脚电压比 4 脚电压高，2 脚输出一个高电平，IGBT 导通，LC 组合开始产生振荡。

2. 启动后检锅

启动后在 PAN 处产生一连串的脉冲波形，当放上锅具后，LC 组合产生的振荡好像串上负载，很快就消耗完，在 C 点产生的脉冲个数也减少，CPU 通过检测端口检测 PAN 处的脉冲个数来判断是否有锅或是否放入合适的锅具。因无锅或锅具不造合时，谐振后波形衰减得很慢，检出来的脉冲个数会很多。另外，如果一直检测到高电平，说明线盘没接好或同步电路出问题。

当检测到有合适的锅具时，因谐振后波形衰减得很快，检出的脉冲个数会很少。CUP 让 OPEN 点一直输出高电平进行工作，5 脚的电压由 PWM 输出脉宽的大小所控制，最终控制功率输出的大小。

3. CPU 通过 PAN、OPEN 检测控制脚输出控制信号

OPEN 口在工作过程中一直为高电平，有干扰中断信号时输出低电平，2s 后恢复高电平继续工作。关机时为低电平。在检锅时发出一个十几μs 的高电平后关断。

PAN 口的作用是在开机时检测是否有合适的锅具，通过检测脉冲个数来判定是否加热。此端口在这里一直作为输入口（也可用来启动工作及检测脉冲个数，双重作用）。

此电路发生异常会出现不检锅、IGBT 温升过高、噪声大等现象。

5.3.4 IGBT 驱动电路

由于振荡电路产生的驱动信号电压较低，一般在 $4\sim5V$，不能驱动 IGBT，所以要将该电压放大到 18V，以更好地驱动 IGBT。

IGBT 驱动电路原理如图 5-15 所示。由 VT_1、VT_2 组成的推挽电路，信号经这部分电路放大后（实际上是功率放大），将电压提高到 18V，由 R_7 输出。

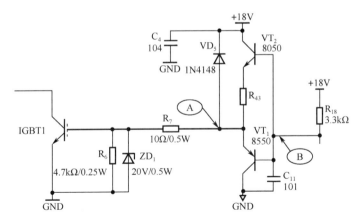

图 5-15 IGBT 驱动电路原理

当输入信号为高电平时，VT_2 导通，VT_1 截止，18V 电压流通，给 IGBT 的 G 极提供门极电压，IGBT 导通，加热盘开始储能。

当输入信号为低电平时，VT_2 截止，VT_1 导通，IGBT 的 G 极接地，IGBT 关断。此时加热盘感应电压对谐电容放电，形成 LC 振荡。

R_6 电阻在三极管截止时，把 IGBT 的 G 极残余电压快速拉低。C_{11} 电容作为高频旁路，起平缓驱动电路波形的作用。ZD_1 稳压管稳定 IGBT 的 G 极电压，预防输入电压过高时，损坏 IGBT。

5.3.5 反压保护、PWM 脉宽调控

反压保护、PWM 脉宽调控电路原理如图 5-16 所示。

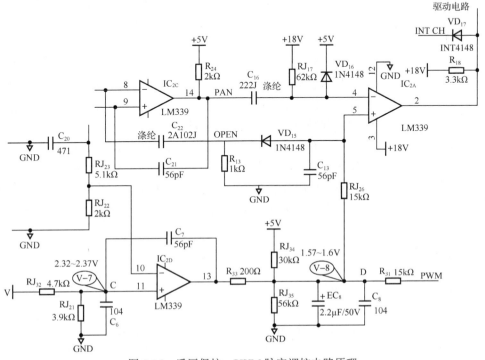

图 5-16 反压保护、PWM 脉宽调控电路原理

电阻 RJ_{32}、RJ_{21} 分压提供基准电压给 LM339 的 11 脚，10 脚由同步谐振电路分压得出，抑制 IGBT 的 C 极反压不得超过 1150V，当提锅或移锅时，IGBT 反压增大，当接近 1150V 时，同步端使 LM339 的 10 脚电压高过 11 脚，13 脚输出低电平，然后比较器一直在切换，从而维持电压不超过限压，保护 IGBT 不被损坏。

电阻 RJ_{34}、RJ_{35}，电容 EC_8、C_8，电阻 R_{31} 组成 PWM 控制电路，当 CPU 的 PWM 输出脉冲宽度越宽时，经过 EC_8 平波后输出给 LM339 5 脚的电压也越高，与 LM339 的 4 脚比较反转的时间也越长，2 脚输出高电平时间也越长，进而控制 IGBT 驱动脉宽，使控制加热功率越大，反之越小。

CPU 是通过检测输出控制信号来调控的。

（1）反压电路 11 脚给 LM339 正端设置一个基准电压，当 10 脚负端接收到谐振波形时，与 11 脚比较，当比较谐振脉冲高于基准电压时，比较器反转，抑制谐振电压不超过 1150V，（这里用的 IGBT 耐压是 1200V）。

（2）抑制反压后，如果锅具有抬锅、偏锅时，输出功率会有变化，根据电流取样电路的电压值，调整 PWM 脉宽。

（3）CPU 通过控制 PWM 脉宽宽度，控制比较器的输出来控制 IGBT 导通时间的长短，结果控制输出功率的大小。

此电路异常时易出现爆机、检锅慢、检不到锅等现象。

5.3.6　IGBT 高压、浪涌保护电路

IGBT 高压、浪涌保护电路如图 5-17 所示。IGBT 高压、浪涌保护电路的作用是在过高压、有浪涌时检测、监控输入电网的异常变化，在有异常时，关断 IGBT 保护电路和元件。

高压保护由 R_{53}、R_{54}、RJ_{55} 组成分压电路，如果输入电压超过正常设定的电压值，A 点的电压就会升高，达到或超过三极管 VT_5 的基极导通电压 0.7V，则 VT_5 一直导通，由于三极管的集电极接到 LM339 的 1 脚，即中断口，所以程序检测到低电平后会关闭输出，保护 IGBT 及主回路上的器件不被烧坏。

当有电压浪涌时，R_{53} 并联的电容 C_{28} 起作用，因为电容两端电压不能突变，所以在瞬间电压起变化时，电容就相当于短路（耦合），A 点的电压会瞬间变得很高，使 VT_5 导通而让 CPU 中断口检测到。

此电路异常时会出现检锅不工作、不保护爆机等现象。

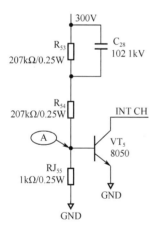

图 5-17　IGBT 高压、浪涌保护电路

5.3.7　电流检测电路

电流检测电路的主要作用是判断有无锅具、恒定电流、稳定调节功率提供反馈输入电流。电流检测保护电路如图 5-18 所示。

电流互感器 T_1 次级的交流电压经 $VD_9 \sim VD_{12}$ 组成的桥式整流电路整流，EC_3 电解电容滤波平滑，由电阻 R_{15}、RJ_{41}、RJ_{16} 分压后，所获得的电流、电压送至 CPU，该电压越高表示电

源输入的电流越大，待机时电流取样基本为零。电流越大，A 点的电流电压波形幅值越高，B 点的取样点电流就越高，表示功率越大。

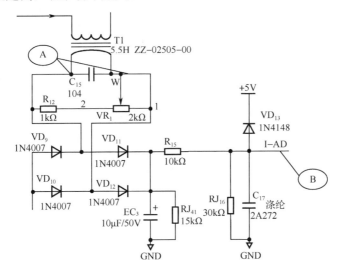

图 5-18　电流检测保护电路

VR$_1$ 电位器作校准功率用，通过调节 VR$_1$ 电阻的大小，就可以调节 B 点的输出电压，电阻越小，功率越大，反之功率越小。一般调节电位器在中间位置。

CPU 根据监测电压 AD 的变化做出如下指令控制。

（1）判断是否放入合适的锅具。（锅具是否小于 $\Phi 80$ 或 $\Phi 60$，是否有偏锅和电流过小，再判断 PWM 是否最大，两者同时满足，则判断为无锅）

（2）限定最大电流，在低电压时保证电流恒定或不过。保护关键器件工作在规格要求范围内，以及防止输入电源线或线路板走线过电流不够造成烧断。

（3）配合电压 AD 取样电路及电调控 PWM 的脉宽，令输出功率保持稳定。

电流检测电路异常时会出现功率压死、功率飘移、无功率输出、断续加热等现象。

5.3.8　浪涌电流检测保护电路

浪涌电流检测保护电路如图 5-19 所示。

正常工作时，LM339 的 1 脚内部三极管截止，电阻 R$_{19}$ 把 1 脚电压变为高电平。当电源输入端出现大电流时，1 脚内部三极管导通，输出低电平，CPU 连接的中断口经过二极管 VD$_{18}$ 被拉低，CPU 检测到低电平时发出命令，让 IGBT 关断，起安全保护作用。此保护属于软件保护，另外还有硬件保护，当 1 脚内部三极管导通，输出低电平时，直接拉低驱动电路的输入电压，从而关断 IGBT 的 G 极电压，保护了 IGBT 不被击穿，通常要判断是软件保护还是硬件保护方法如下：通常软件保护时，软件会设置 2s 才启动，硬件启动时间一般不超过 2s。

由于 C 点电压选择的参考点是地，静态时，C 点的电压由 RJ$_{28}$、R$_{27}$、R$_{14}$ 电阻分压所得，当正常工作后，互感器感应输入端的电流，C 点的电压会下降，电流越大，C 点电压越低，所以 7 脚点电压也会下降。6 脚为 LM3396 脚电阻 RJ$_{29}$、RJ$_{25}$ 分压后的基准电压，当 7 脚电压下降到 6 脚电压以下时，LM339 反转，1 脚输出低电平拉低中断口。通过调节输入正负端的

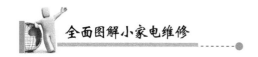

参数来改变干扰的灵敏度。

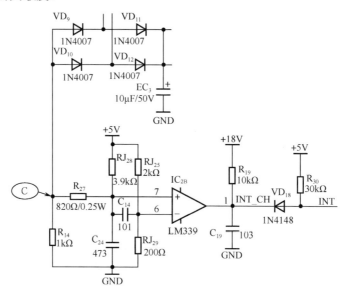

图 5-19　浪涌电流检测保护电路

CPU 根据中断口检测电源输入端的浪涌电流，检测到有低电平，停止工作，以保护 IGBT 不被浪涌电流所击穿。

浪涌电流检测保护电路异常时会出现检锅不工作、不保护爆机等现象。

5.3.9　电压检测电路

电压检测电路如图 5-20 所示。电压检测电路主要作用是检测电路工作在什么电压段，以实现高低压保护。

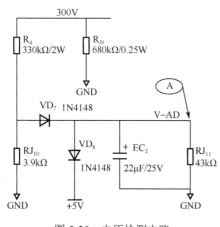

图 5-20　电压检测电路

300V 直流电压通过 R_4 与 RJ_9、RJ_{10} 分压，二极管 VD_7 隔离 AD 检测口与输入端，将电容 EC_2 平滑后的直流电压送到 CPU 端口进行分析，不受输入端的影响。二极管 VD_8 让输入电压钳位在 5.7V，保护 CPU 端口不会被高电压击穿。

CPU 检测到输入电压信号后做出如下指令控制。

（1）判别输入的电压是否在允许的范围之内，否则停止加热，并发出报警信号。

（2）判别输入电压是否为高电压，根据输出功率是否为低功率（1300W 以下），进行升功率，目的是减少 IBGT 在高压小功率时，出现硬导通现象，即 IBGT 提前导通，来减小 IGBT 的温升。根据高功率（1800W 以上），配合炉面传感器是否检测到线盘温升高，如果温升高，可适当地降功率，从而保证线盘不会因为温升高而烧毁。

（3）与电流检测电路形成实际工作功率，CPU 智能地计算出功率的大小再与 CPU 内部设定的功率值进行比较，去控制 PMW 脉宽调制的大小，稳定输出所需的功率。

（4）通过电流 AD 配合，保持高压以恒定功率输出。

电压检测电路异常时会出现高低压无保护、间歇加热、功率上不去等现象。

5.3.10 锅具温度、IGBT 温度检测电路

1. 锅具温度检测电路

锅具温度检测电路如图 5-21 所示。锅具温度检测电路的主要作用是检测炉子上锅具内部的温度。

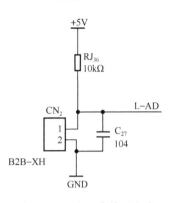

图 5-21 锅具温度检测电路

锅具温度传感器：炉面加热锅具的温度透过微晶玻璃板传至紧贴在微晶玻璃板底部的传感器，该传感器的阻值变化直接反映了锅具温度的变化，传感器与 RJ_{36} 电阻分压电压的变化反映了传感器的阻值变化，即反映出加热锅具的温度变化。

CPU 通过检测 AD 值的变化做出如下指令控制。

（1）定温控制，控制加热温度点，恒定加热物体温度恒定在设定的温度范围内。

（2）自动功能及火锅控制，利用探测温度并结合时间控制锅具内部的温度，以达到最佳的烹煮效果。

（3）自动功能工作时，锅具温度是否高于设定温度，若高于设定温度，立即停止工作，并关机。

（4）锅具干烧时，立即停止工作，并关机。

（5）传感器断路或短路时，开机后发出不工作信号（断路需要开机 1 分钟后再判断），并报知故障信息。

锅具温度检测电路异常时会出现炉面传感器失效，导致线盘过热烧线盘及爆机，无法达到正常的设定温度标准等现象。

2. IGBT 温度检测电路

IGBT 温度检测电路如图 5-22 所示。IGBT 温度检测电路的主要作用是检测散热片的发热情况。

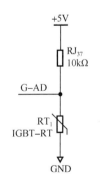

图 5-22 IGBT 温度检测电路

IGBT 热敏电阻 RT_1 紧贴着 IGBT 的正面，用导热硅脂涂在它们之间，并压在 PCB 板上，IGBT 产生的温度直接传到热敏电阻上，RT_1 与 RJ_{37} 电阻分压点的变化反映了热敏电阻的阻值变化，直接反映出 IGBT 的温度变化。

CPU 通过检测 AD 值的变化做出如下指令控制。

（1）当检测到 IGBT 结温>85℃时，根据当前工作情况，升功率或降功率，或间歇加热方式，让 IGBT 结温≤85℃。在不正常情况下温升还继续升高，高于 110℃，则立即停止加热，并报知或不报知信息，而且每 4s 检测一下锅具。待温升下降到 60℃再次加热，循环工作。

（2）热敏电阻断路或短路时，开机后发出不工作信号（断路需要开机 1 分钟后再判断），并报知故障信息。

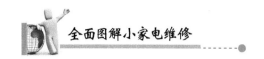

（3）在关机状态下，如果 IGBT 温升高于 55℃，CPU 则控制风扇一直工作，直到温度小于 45℃ 后停止工作。第一次上电时不做判断处理。

IGBT 温度检测电路异常时会出现 IGBT 热敏电阻失效、无法正常判断 IGBT 温升、烧 IGBT 等现象。

5.3.11 风扇驱动电路

风扇驱动电路如图 5-23 所示。风扇驱动电路的主要作用是排出炉内热气。

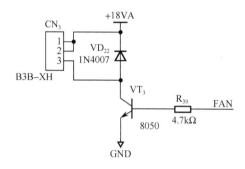

图 5-23 风扇驱动电路

将 IGBT 及整流桥紧贴在散热片上，利用风扇运转，通过电磁炉外壳上的进、出风口形成的气流将散热片上的加热线盘等零件工作时所产生的热，加热锅具辐射进电磁炉内的热及其他器件所散出的热排出炉外。降低炉内的环境温度，以保证电磁炉正常工作。

CPU 控制 FAN 端口输出高电平，使三极管 VT$_3$ 导通，18V 电压加在风扇两端经过 VT$_3$ 到地，使风扇运转，当 FAN 输出低电平时，VT$_3$ 截止，风扇停止工作。VD$_{22}$ 是开关二极管，作用是吸收、滤波，保护三极管不被击穿，同时也让风扇工作得更可靠。

CPU 根据程序判断发出如下指令控制。

（1）结合炉面传感器与 IGBT 传感器取得的 AD 值，控制风扇工作。

（2）判断是否开机，风扇是否长转。

（3）判断是否有特殊要求控制风扇工作。

风扇驱动电路异常时易出现风扇长转或不转等现象。

5.3.12 主控芯片（CPU）及工作条件

1. 主控芯片（CPU）S3F9454 引脚功能

主控芯片（CPU）S3F9454 引脚功能如表 5-3 所示。

表 5-3 主控芯片（CPU）S3F9454 引脚功能

引脚号	主 要 功 能	引脚号	主 要 功 能
1	接地	11	风扇驱动输出端口
2	晶振输入	12	蜂鸣器驱动输出端口
3	晶振输出	13	PWM 输出脚

引脚号	主 要 功 能	引脚号	主 要 功 能
4	为内置复位电路，无须再外接电路，作为单相无上拉输入端口，一般用作判断是否有启动动作，从而判断是否有合适的锅具，是否进入正常工作模式	14	电压的 AD 模数转换端口
5	时钟信号	15	电流的 AD 模数转换端口
6	数据信号	16	锅温传感器的 AD 模数转换端口
7	按键控制端口	17	IGBT 传感器的 AD 模数转换端口
8	蜂鸣器报警音乐	18	启动电磁炉控制脚，不工作时为低电平，工作时为高电平
9	显示信号	19	中断输入口，检测电路上各种干扰信号。保护 IGBT 在受到干扰后能及时关闭
10	显示信号	20	电源正极

2. 主控芯片（CPU）工作条件电路

主控芯片（CPU）工作条件电路如图 5-24 所示。

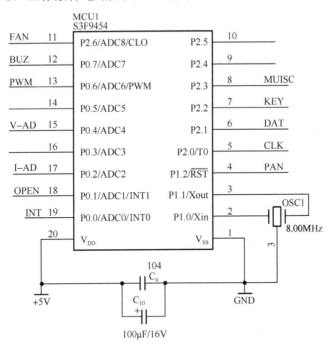

图 5-24 主控芯片（CPU）工作条件电路

20 脚为电源正极供电，1 脚为电源负极。

2、3 脚外接晶振 OSC1，其振荡频率为 8.00MHz。

4 脚为内置复位电路，无须再外接电路。

主控芯片工作条件电路异常时会出现上电无反映、显示不正常、按键无反映等现象。

5.3.13 蜂鸣器报警电路

蜂鸣器报警电路如图 5-25 所示。该报警器可做成美音，即各种音调，也可以做成单调的声音。单音调时：J_1 跳线接上，R_{31}、R_{32}、R_{35}、EC_1、VT_3、VT_8 不接，BUZ 端口输出 8kHz 的频率。美音声调：J_1 跳线不接，MUISC 输出一段时间。给 EC_1 电容充电后关断，BUZ 输出不同的频率，可以听到不同的音调。

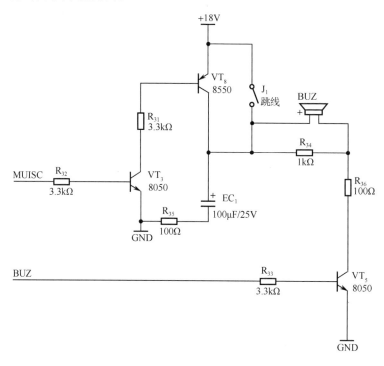

图 5-25　蜂鸣器报警电路

5.3.14 显示控制电路

显示控制电路的主要作用是指示电磁炉各种工作功能、不同功率挡位、各种故障判断等。显示控制电路原理如图 5-26 所示。

通过三极管 VT_1、VT_2、VT_6、VT_7 及 74LS164 的移位送数扫描来控制 LED 灯及数码管的显示，扫描判断按键是否有操作等。

CPU 通过按按键指令输出命令。

（1）按键按下各种功能，CPU 输出相应指示 LED 灯及数码管显示定时时间或功率挡位。

（2）当电磁炉出现故障时，输出故障代码，并通过声电来通知用户。

显示控制电路异常时会出现显示不良、按键无效等现象。

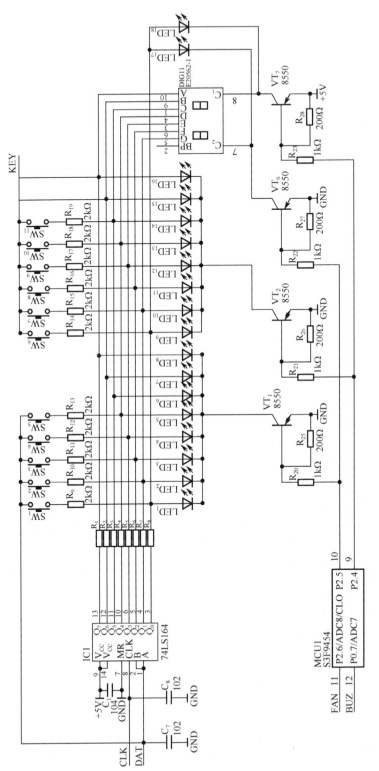

图5-26 显示控制电路原理图

5.4 检修电磁炉的特有工具及方法

5.4.1 自制假负载配电盘

检测配电盘在维修电磁炉中，可防止 IGBT 管、电源电路等元件在试机时连续烧毁损坏。

当电磁炉发生故障时或故障电磁炉维修更换元器件后，特别是在电源电路、IGBT 管损坏后，最好不要直接通电测试，以免再次发生爆机（IBGT 击穿）现象，应通过检测配电盘来初步判断电磁炉故障。假负载配电盘如图 5-27 所示。

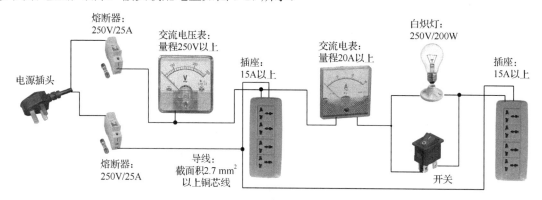

图 5-27 假负载配电盘

配电盘的具体使用步骤及方法如下。

（1）电磁炉未插入插座 CZ₃ 或 CZ₄ 前，先将开关"S"置于断开的位置，再将电磁炉插入上述任一插座。

（2）如果电流表指示为 0，200W 灯泡不发光，电磁炉无蜂鸣声，电风扇不转，表明电路处于断路状态。应检查熔断器，若熔断器正常，说明电源电路有断路，应进一步检查。

（3）如果电流表指示在 1A 左右，200W 灯泡正常发光，表明电磁炉内部有严重短路故障。常见的是机内电源电路部分短路，应检查压敏电阻、滤波电容、整流全桥、IGBT 等是否击穿短路。

（4）如果电流表指示小于 1A 而大于 0.5A，200W 灯泡较亮，表明电磁炉内局部有短路故障。常见的是整流电路、低压电源等电路元件有漏电等故障。

（5）如果电流表指示为 50mA 左右，200W 灯泡不发光，表明电磁炉空载正常，可合上开关"S"再进行其他性能的测试。

5.4.2 代码检修法

电磁炉中的指示灯除指示工作状态外，另一重要作用就是显示故障代码，因此，给维修人员带来极大的方便。电磁炉开机上电后，虽不能正常工作，但若能显示故障代码，维修时可优先采用代码法，但前提是必须要了解代码的含义，因此，在日常维修工作中，要注意多收集、整理家电的故障代码资料。以艾美特电磁炉为例，故障代码如表 5-4 所示。

表5-4 艾美特电磁炉故障代码

故障代码	故障原因	报警条件
E1	低压保护	电网电压低于 100±5V
E2	高压保护	电网电压高于 285±5V
E3	炉面传感器断路	延迟 1min 才检测传感器是否断路
E4	炉面传感器短路	马上停止加热
E5	IGBT 传感器断路	延迟 1min 才检测传感器是否断路
E6	IGBT 传感器短路	马上停止加热
E7	炉面传感器失效	根据每挡挡位判断传感器值变化

5.4.3 识别与检测 IGBT

绝缘栅行晶体管的英文缩写为 IGBT，是场效应管和三极管的复合型器件，其内部由一只绝缘型场效应管和双极性达林顿晶体管组成。绝缘栅晶体管具有开关速度快、电压控制和高电压、大电流等特点，它正逐步取代大功率晶体管和场效应管，在电磁炉电路中，用于主控系统的输出级电路中。

IGBT 按内部的复合极性分，有 N-IGBT 和 P-IGBT 型；按内部有无阻尼二极管分，有含阻尼二极管的 IGBT 和不含阻尼二极管的 IGBT。在实际中，N-IGBT 使用较广。

IGBT 的栅极（门极）、集电极、发射极分别用 G、C、E 表示。

工作原理以 N-IGBT 为例，它在正电压 V_{GE} 大于 $V_{GE\,(th)}$ 开启电压时导通，导通后，大电流从 C 极流入 E 极（俗称开）；当加上负栅极电压时，IGBT 截止，C 极电流不能流入 E 极（俗称关）。

IGBT 外形及符号如图 5-28 所示。

（a）外形　　　　　　　　　（b）符号

图 5-28 IGBT 外形及符号图

IGBT 的检测方法如下。

T 输入端类似一电容，当 IGBT 控制极充满电荷后，由于 IGBT 本身漏电流极小，能在较长时间内保持电压不变。利用该特点，可以采用如下方法检测。

（1）将指针式万用表置于 R×10kΩ 挡位，黑表笔接至 IGBT 发射极 E 上，红表笔接至 IGBT 控制极 G 上，向控制极反向充电时，使控制极 G 上呈负电压状态。然后将黑表笔接至 IGBT 集电极 C 上，此时 IGBT 处于截止状态，万用表指针若在无穷大，说明 IGBT 没有击穿、短路。

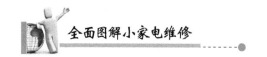

（2）将万用表黑表笔接至 G 极，红表笔接 E 极，向控制极正向充电，使 IGBT 处于导通状态。然后将黑表笔接至 C 极上，红表笔接 E 极，由于 IGBT 已导通，万用表指针应接近 0。

通过上述测量，如 IGBT 导通和截止状态均正常，则说明管正常。

5.5 电磁炉常见故障分析之"葵花宝典"

5.5.1 电磁炉是怎样进行检锅的

电磁炉检锅一般是检测电流和脉冲个数。

所谓检测电流就是让 IGBT 工作一段时间，一般取数十 ms，互感器就能够感应出电压来。在无锅情况下，线圈盘能量消耗小，故互感器感应出电压也小；有锅时线圈盘能量消耗大，故互感器消耗能量也大，互感器感应出电压也大，通过判断互感器感应的电压大小就可以知道有没有锅。

所谓检测脉冲个数就是让 IGBT 工作数个μs（即一个脉冲），线圈盘就和谐振电容发生振荡，无锅时振荡时间长，有锅时线圈盘能量很快消耗完，故振荡也快，然后才能通过取样判断振荡的长短来确定有没有锅。

5.5.2 电磁炉上电后烧 IGBT

一上电就烧和开机几秒钟烧 IGBT 两者原因完全不同的。

一上电就烧 IGBT，应检查同步跟踪电路部分，是这部分出了问题致使不同步，主要检查电阻是否变质损坏、同步电压是否异常等。

一上电就烧 IGBT，一般是驱动 IGBT 电路输出高电平，才把它烧坏。

开机几秒烧 IGBT，首先看是否由 IGBT 过热未能保护引起，再看是否由抗干扰保护太迟钝引起等。

5.5.3 保险烧毁故障检修

保险烧毁故障检修如表 5-5 所示。

表 5-5 保险烧毁故障检修

故障分析思路	电流容量为 10～15A 的熔断器，一般自然烧断的概率极低，通常是通过了较大的电流才被烧毁，所以发现熔断器烧毁故障，必须在换入新的熔断器前对电源负载做全面详细的检查。通常大电流的零件损坏会使熔断器发生保护性熔断，而大电流零件损坏除零件老化原因外，大部分是由控制电路不良所引起的，特别是 IGBT 管，所以换入新的大电流零件后需对其他可能导致损坏该零件的保护电路进行彻底检查。IGBT 管损坏主要有过流击穿和过压击穿，而同步电路、振荡电路、激励电路、电流检测电路、电压检测电路、主回路不良和单片机死机等都可能是造成烧熔断器的主要原因

续表

故障检修步骤	（1）当发现电源熔断器烧毁时，首先测 IGBT 和整流桥的在路电阻是否正常，查驱动电路是否正常，上述各在路正反电阻为 0（或较小），说明该元件有损坏的可能，拆卸一下元器件进一步确定
	（2）排除上述易损元件后，在路测量高、低压电源输出端的正反电阻。因各电磁炉的电路不同，其正反电阻差异性很大，如发现某路正反电阻异常变小甚至为 0Ω，说明该路可能有短路性故障存在，应继续查明故障原因
	（3）在不装加热线盘的情况下，用静态电压法测量高压电源、低压电源的输出电压是否正常，若不正常，继续查明原因；若基本正常，再测量小信号处理电路、单片机等静态电压。同时，通过操作面板上的各按键并观察指示灯（或显示屏）反映的情况，可判断整机的工作状态或故障的大致部位。继续排除隐患性故障
	（4）用假负载法（灯泡）代替加热线盘，观察整机情况是否良好
	（5）将加热线盘连接好，上电检测整机工作电流。若整机工作电流在估算范围内，表明故障已排除
	（6）若静态工作电压正常，还屡烧 IGBT 和整流桥时，应注意检查高压滤波电容、谐振电容及加热线盘，特别是谐振电容应引起重视

5.5.4　看线路板结构与关键元器件布局

电磁炉线路板结构与关键元器件布局如图 5-29 所示。

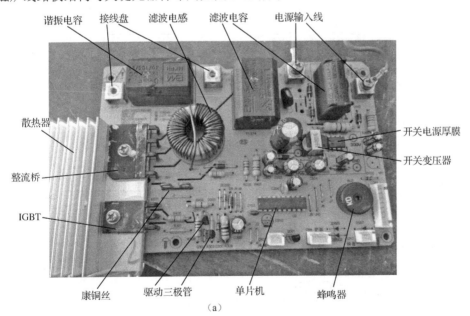

（a）

图 5-29　电磁炉线路板结构与关键元器件布局

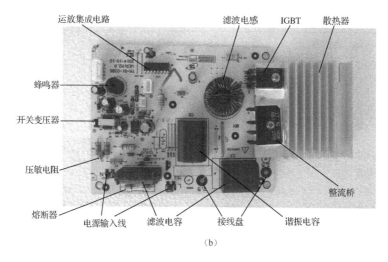

（b）

图 5-29　电磁炉线路板结构与关键元器件布局（续）

5.6　艾美特电磁炉实战检修逻辑图

5.6.1　上电无任何反应

上电无任何反应的检修逻辑图如图 5-30 所示。

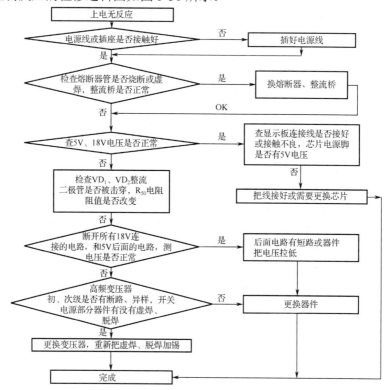

图 5-30　上电无任何反应的检修逻辑图

5.6.2　上电显示正常，有检锅信号，放上锅具检到锅不工作

上电显示正常，检到锅不工作的维修逻辑图如图 5-31 所示。

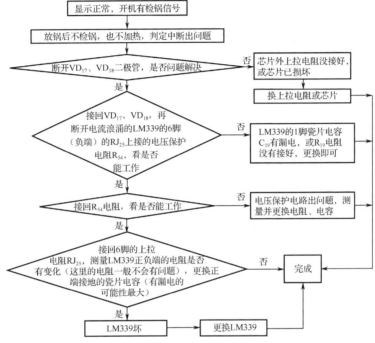

图 5-31　上电显示正常，检到锅不工作的维修逻辑图

5.6.3　显示正常，开机只有检锅声，不工作

显示正常，开机只有检锅声，不工作的维修逻辑图如图 5-32 所示。

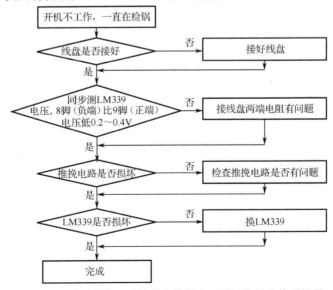

图 5-32　显示正常、开机只有检锅声，不工作的维修逻辑图

5.6.4 间歇加热

显示正常，开机后"无锅"报警声正常，放上锅具后能工作，但功率出现间歇加热，由小变大，反复跳变。间歇加热的维修逻辑图如图 5-33 所示。

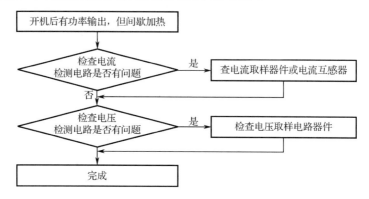

图 5-33　间歇加热的维修逻辑图

5.6.5 正常显示，开机后功率上不来

开机后功率上不来的维修逻辑图如图 5-34 所示。

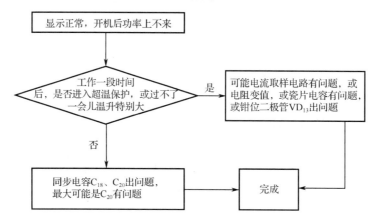

图 5-34　开机后功率上不来的维修逻辑图

5.6.6 风扇不转

风扇不转的维修逻辑图如图 5-35 所示。

5.6.7 一上电就炸熔断器、IGBT、整流桥

一上电就炸熔断器、IGBT、整流桥的维修逻辑图如图 5-36 所示。

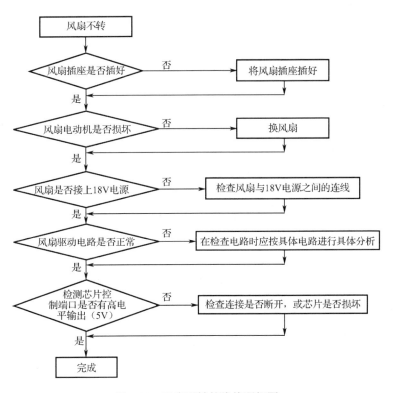

图 5-35 风扇不转的维修逻辑图

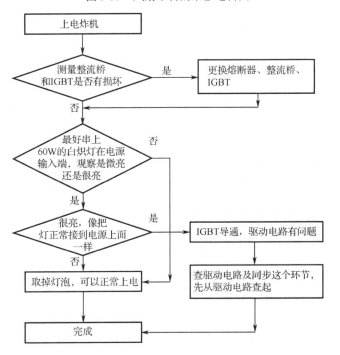

图 5-36 一上电就炸熔断器、IGBT、整流桥的维修逻辑图

5.6.8 无显示、按键无反应

无显示、按键无反应的维修逻辑图如图 5-37 所示。

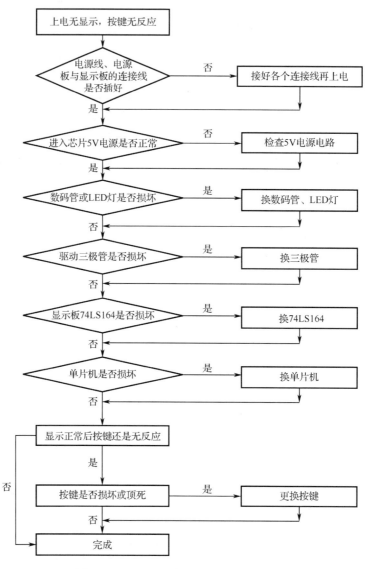

图 5-37　无显示、按键无反应维修逻辑图

5.6.9 功率偏低或功率跳功频繁

功率偏低或功率跳功频繁的维修逻辑图如图 5-38 所示。

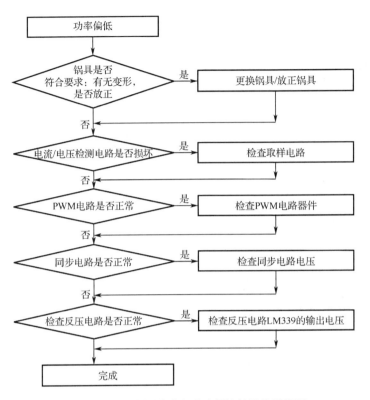

图 5-38 功率偏低或功率跳功频繁的维修逻辑图

第6章

电风扇、暖风扇

6.1 电风扇的类型及型号

6.1.1 电风扇的类型

电风扇的分类方式如图 6-1 所示。

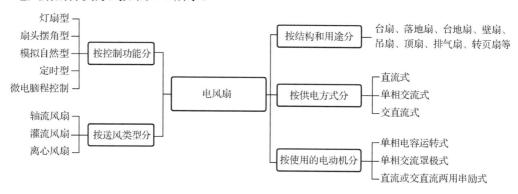

图 6-1 电风扇的分类方式

6.1.2 电风扇的型号

目前，电风扇没有统一的国家标准，各生产厂家一般遵循的规则如下：

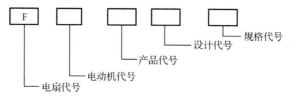

第一个阿拉伯数字表示生产厂家的设计序号，第二个阿拉伯数字表示电风扇的规格（扇叶直径）。电风扇的系列、形式代号如表 6-1 所示。

表 6-1 电风扇的系列、形式代号

系 列 代 号	形 式 代 号	
H—单相罩极式	A—轴流排气扇	H—换气扇
R—单相电容式（一般省略）	B—壁式	Y—转叶扇
T—三相式	C—吊式	R—热风式
	D—顶式	S—落地式
	E—台地式	T—台式
实例	（1）FT8—20 表示交流电容式电机台地扇，厂家第 8 次设计，规格为 200mm。 （2）FS6—40 表示交流电容式电动机落地扇，厂家第 6 次设计，规格为 400mm	

6.2 台扇类电扇的结构及核心部件

台扇扇头采用防护式电动机，有往复摇头机构，利用底座支撑，置于台上。如果将台扇底座的形式加以改装，即可派生出落地扇、台地扇及壁扇。它们与台扇的不同之处在于：落地扇和台地扇均可通过底座上的升降杆来调节扇头的高度；而壁扇则适宜装在墙壁上。因此，台扇类电扇包括台扇、落地扇、台地扇及壁扇等。台扇类电扇的结构如图 6-2 所示。

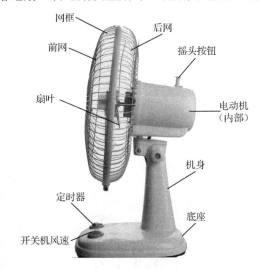

图 6-2 台扇类电扇的结构

1. 电动机

家用台扇电动机均采用单相交流异步式，其外形结构如图 6-3 所示。

图 6-3 单相交流异步式电动机外形结构

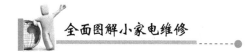

2. 电容

单相电容运转式电动机上配用的电容，一般选用金属膜电容，容量为 $1\sim1.5\mu F$。其外形结构如图 6-4 所示。

图 6-4　单相电容运转式电动机上配用电容的外形结构

3. 扇叶

扇叶外形结构如图 6-5 所示。

图 6-5　扇叶外形结构

4. 网罩

网罩外形结构如图 6-6 所示。

图 6-6　网罩外形结构

5. 摇头机构

常见的摇头机构有两种：揿拔式摇头机构和电动式摇头机构。摇头机构外形结构如图 6-7 所示。

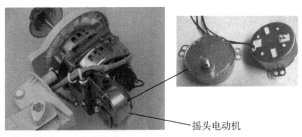

摇头电动机

（a）电动式摇头机构

揿拔式摇头机构

（b）揿拔式摇头结构

图 6-7 摇头机构外形结构

6. 连接头

连接头外形结构如图 6-8 所示

图 6-8 连接头外形结构

7. 调速机构

常见的调速方法如图 6-9 所示。

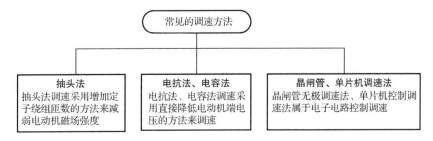

图 6-9 常见的调速方法

风扇上的调速开关主要有按键式（琴键式）和旋转式，调速开关外形结构如图 6-10 所示。

（a）按键式　　　　　　　　　　（b）旋转式

图 6-10　调速开关外形结构

8. 定时器

风扇上的定时器主要用于控制电动机的工作时间，常用的有机械式和电子式两种。定时器外形结构如图 6-11 所示。

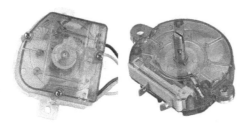　　

（a）机械式　　　　　　　　　　　　　　（b）电子式

图 6-11　定时器外形结构

6.3　机械控制型通用电扇电路原理与检修

6.3.1　机械控制型通用电扇电路原理

机械控制型通用电扇电路原理如图 6-12 所示。

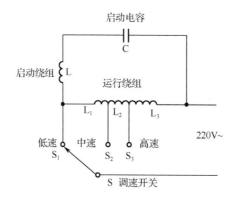

图 6-12　机械控制型通用电扇电路原理

将电源插头插入 220V 交流市电的插座，再按下调速开关 S_1～S_3 之一，市电电压分别输入到电动机的高、中、低速供电端子，风扇电动机在运行电容 C 的配合下就会分别在高速、中速、低速三种模式下旋转工作。

6.3.2 现场操作17——机械控制型通用电扇的检修

故障现象 1：通电后扇叶不转

故障原因分析：通电后扇叶不转，有可能是机械部分出现故障，也可能是电路部分有故障。检修方法与步骤如下。

第一步：在未通电的情况下，用手拨动扇叶，观看转动是否灵活，目的是区分是机械还是电路部分的故障。若扇叶无法转动或转动不灵活，一般是机械性故障。机械性故障一般有轴承缺油、机械磨损严重或残缺、杂物堵塞卡死等，仔细检查后，进行维修、调整或更换，直至扇叶转动灵活为止。

第二步：在未通电的情况下，用手拨动扇叶，扇叶可转动灵活，则是电路部分有故障。

通电可听电动机是否有"嗡嗡"声。若无"嗡嗡"声，则表明电路有断路故障存在，应对电源线、插排、琴键开关、定时器、电抗器、定子绕组、电容等逐一进行检查。可采用电压法或电阻法进行检测。

第三步：有"嗡嗡"声。

通电后，若有"嗡嗡"声而不转动，则故障原因一般在电动机定子绕组或副绕组外部电路上。可用万用表检测电动机定子绕组、电容器的好坏或用替换法确定。

故障现象 2：低速挡不启动

故障原因分析：低速挡不启动，高速挡勉强可以启动的主要原因如下：电容器容量变小或漏电、电动机主副绕组匝间短路、电抗器绕组断路、轴承错位或损坏等。

检修方法与步骤如下。

第一步：判断是机械性故障还是电路有问题。

首先用手拨动扇叶看其转动是否灵活，若不灵活，说明是机械受阻，要更换电动机。

第二步：用万用表测量判断电抗器、电容器质量的好坏。

也可用替换法替代。

第三步：用万用表测量判断电动机质量的好坏或用替换法确定。

故障现象 3：风扇转速慢

故障原因分析：造成风扇转速慢的故障原因一般有电源供电电压偏低、机械部分阻力过大、电容器容量变小或漏电、电动机主副绕组匝间短路、电动机绕组接线错误等。

检修方法与步骤：可参考本节"故障现象 2"进行维修排除。

故障现象 4：不能摇头或摇头失灵

故障原因分析：产生不能摇头或摇头失灵的主要原因是摇头机构有问题。

检修方法与步骤：更换摇头机构。目前，各厂家的配件差异性较大且供应量又少，互换性较差，因此，这部分维修恢复率较低。

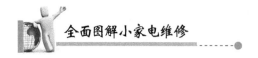

故障现象5：不能定时或定时不准

故障原因分析：不能定时或定时不准主要原因在定时器本身，一般维修率很低。
检修方法与步骤：可采用整体代换。

6.4 远华FS-40KC遥控电扇电路原理与检修

6.4.1 远华FS-40KC遥控电扇电路原理

远华FS-40KC遥控电扇电路原理如图6-13所示。

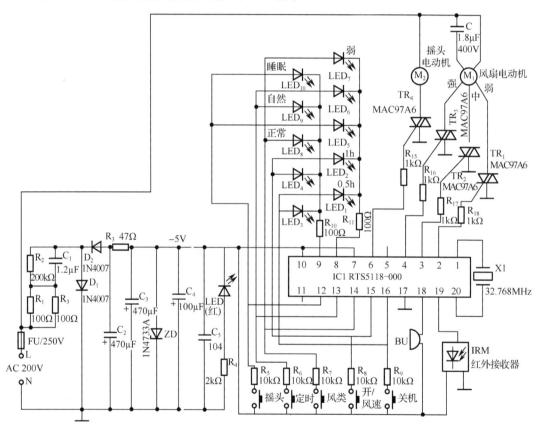

图6-13 远华FS-40KC遥控电扇电路原理

单片机RTS5118-000引脚功能如表6-2所示。

表6-2 单片机RTS5118-000引脚功能

脚号	主 要 功 能	电压/V	脚号	主 要 功 能	电压/V
1	晶振1端	−2	4	强风速输出驱动端	0
2	弱风速输出驱动端	−5	5	未用	0
3	中风速输出驱动端	0	6	插头输出驱动端	0

续表

脚号	主　要　功　能	电压/V	脚号	主　要　功　能	电压/V
7	电源负极	-5	14	风类控制输入及 LED 驱动	-1.5
8	LED 公共端	-2	15	开/风速控制输入及 LED 驱动	-1.5
9	LED 公共端	-2	16	关机控制输入端	-1.5
10	电源负极	-5	17	地	0
11	未用	0	18	蜂鸣器驱动输出端	-5
12	摇头控制输入端	-1.5	19	红外接收器输入端	0
13	定时控制输入及 LED 驱动	-1.5	20	晶振 2 端	0.5

1. 电源电路

该机采用的是阻容降压方式，220V 市电经熔断器 FU 后，由阻容元件 R_1、R_2、R_3、C_1 降压，由 R_3 限流、D_1 和 D_2 整流、ZD 稳压、C_2 和 C_3 及 C_4 滤波后得到-5V 的直流低压，供给单片机 IC_1 及指示灯作为电源。

2. 单片机工作条件

17 脚接地；7 脚接负电源 5V。1 脚、20 脚外接晶振。复位电路由单片机内部电路决定。

3. 风扇工作原理

当选择面板上的开/风速（例如选择强风）时，单片机 15 脚通过 R_8 变为低电平，经过其内部运算后，4 脚输出强风驱动信号，使晶闸管 TR_3 导通，风扇电动机 M_1 得电而工作于强风状态；同时，15 脚、8 脚、9 脚输出 LED 驱动信号，使对应的 LED 点亮。

6.4.2　远华 FS-40KC 遥控电扇的检修

故障现象 1：不工作，指示灯不亮

故障原因分析：主要原因是供电线路、电源电路、单片机等有异常。

检修方法与步骤如下。

第一步：检查熔断器是否正常。

烧熔断器。主要应检查降压电容 C_1，滤波电容 C_2、C_4、C_5，整流二极管 D_1、D_2，电动机 M_1、M_2，晶闸管、单片机等是否存在短路现象。更换短路的元器件后，再更换熔断器。

第二步：检查单片机的工作条件。

检查单片机的 7 脚电压是否为-5V，17 脚电压是否为 0V。检查单片机的 1、20 脚外接的晶振 X_1 是否有问题。其中晶振的损坏率较高，可用代替法区别、判断其质量的好坏。

第三步：判断电动机是否正常。

先用手指拨动扇叶看其是否转动灵活，不灵活，则为电动机机械性故障；若灵活，再检查其绕组是否正常。也可采取把电动机接晶闸管的一端改接到电源上，给电动机直接加电，看电动机是否正常。

第四步：检查单片机和晶闸管。

在开机状态下，检查单片机的驱动输出引脚电平，若有正常的输出驱动电平，则为晶闸

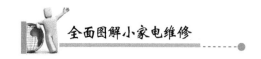

管损坏；否则是单片机有问题。

故障现象2：摇头电动机不工作，风扇电动机工作正常

故障原因分析：风扇电动机工作正常，说明电源供给是正常的，单片机的工作条件也是正常的；故障应在摇头控制电路部分：摇头电动机 M_2 本身、双向晶闸管 TR_4、摇头控制键、单片机的6脚等。

检修方法与步骤如下。

第一步：检查摇头电动机有无供电电压。

若无，检查供电线路；若有，则用电阻法判断电动机是否损坏，若损坏，更换电动机。

第二步：检测单片机6脚的电压。

检测单片机6脚在开机的情况下，是否有驱动信号电压输出，若有正常的高电平，则表明故障在其以后的电路；否则，单片机有问题，更换单片机。

第三步：检查、更换双向晶闸管 TR_4。

同时检查 R_{13} 是否有问题等。

第四步：检查摇头控制键。

检查摇头控制键是否老化、损坏，可更换摇头控制开关。

故障现象3：风扇电动机不工作，摇头电动机工作正常

故障原因分析：摇头电动机工作正常，说明电源供给是正常的，单片机的工作条件也是正常的；故障应在风扇电动机控制电路部分：单片机本身、风速控制键、风扇电动机本身及运行电容 C 等。

检修方法与步骤如下。

第一步：检查风扇电动机有无供电电压。

如无，检查供电线路；若有，则用电阻法判断风扇电动机是否损坏，若损坏，更换电动机。

第二步：检查单片机驱动输出电压。

检测单片机2、3、4脚在开机的情况下，是否有驱动信号电压输出，若有正常的高电平，则表明故障在其以后的电路；否则，单片机有问题，更换单片机。

故障现象4：遥控功能失效

故障原因分析：故障可能的原因是遥控器、遥控接收头、单片机等有异常。

检修方法与步骤如下。

第一步：检查、判断遥控器是否良好。

若遥控器有问题，更换、维修遥控器。遥控器最易损坏的是晶振。

第二步：检查、更换接收头。

第三步：检查、更换单片机。

6.5　暖风扇

6.5.1　暖风机的外部结构及核心部件

暖风机的外部结构如图 6-14 所示。

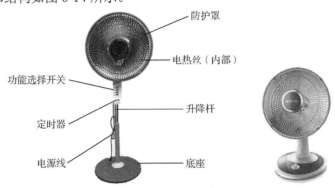

图 6-14　暖风机的外部结构

暖风机的核心部件是发热盘，其他部件同电风扇的类似。暖风机的发热盘如图 6-15 所示。

图 6-15　暖风机的发热盘

6.5.2　暖风机的工作原理

暖风机的工作原理如图 6-16 所示。

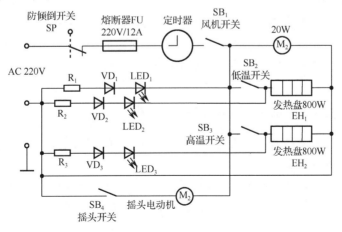

图 6-16　暖风机的工作原理

接通电源，将定时器的旋钮设定在"ON"或所需要的定时挡位，定时开关闭合，按下风机开关 SB_1，风机 M_1 得电而开始工作，同时指示灯 LED_1 点亮。

闭合低温开关 SB_2，发热器 EH_1 构成回路，低温暖风指示灯 LED_2 点亮，发热器 EH_1 发热，风扇电动机运转送出暖风。定时器倒计时完毕，定时开关断开，自动关机。

闭合高温开关 SB_3，发热器 EH_2 构成回路，低温暖风指示灯 LED_3 点亮，发热器 EH_2 发热，风扇电动机运转送出高温暖风。

暖风机在工作状态下，当需要摇摆送风时，按下摇摆开关 SB_4，摇摆电动机 M_2 得电驱动摇摆机构动作，开始以摇摆方式送出暖风。

6.5.3　现场操作 18——暖风机的检修

故障现象 1：通电后整机不工作

故障原因分析：通电后整机不工作，故障多数在电源引入电路（前级电路）。

检修方法与步骤：主要应检查插座、插头、电源线、超温熔断器、定时器及元器件之间的连接线等是否断路。用电阻法、电压法、替换法进行排查、检修。

故障现象 2：定时器失效

故障原因分析：定时器失效往往是本身损坏，可能原因有机械轮系损坏或磨损严重，触点烧焦粘连或损坏等。

检修方法与步骤：触点好坏的判断方法是转动定时器后，可用电阻法、电压法或短路法（用一根导线短接两触点）进行测量判断。定时器的修复率较低，一般可整体更换。

故障现象 3：不能摇摆送风

故障原因分析：发热正常能送出热风但不能摇摆送风，主要原因是摇摆电路出现故障。该电路的主要元器件为摇摆开关、摇摆电动机及它们之间的连接线。

引起该故障的可能原因有连接线接头松动或脱落，摇摆开关接触不良或损坏，摇摆电动机本身损坏等。

检修方法与步骤如下。

第一步：用观察法检查连接线是否有异常，若有异常，可先排除。

第二步：用电阻法或电压法检查摇摆开关，若开关损坏，予以更换。

第三步：检查摇摆电动机，摇摆电动机绕组的正常电阻值为 $9k\Omega$ 左右，若摇摆电机损坏，更换后故障即可排除。

故障现象 4：低温工作正常，而高温工作不正常

故障原因分析：显然故障在高温电路部分，可能原因有高温开关 SB_2、发热盘 EH_2 及这一部分的连接线有断路现象。

检修方法与步骤：用电阻法检测、判断高温开关、发热盘及它们之间的连接线。

低温不工作正常，而高温工作正常的故障现象，维修与排除方法与此相似。

故障现象 5：送凉风不送暖风

故障原因分析：该故障出在暖风电路部分。能送凉风，说明超温熔断器、定时器、风扇电动机工作基本正常。不送暖风是发热器有故障，可能原因有发热器断路损坏，发热器外接连线脱落、接触不良、插接件损坏等。但两个发热器同时损坏的可能性较小。

检修方法与步骤：检查、维修或更换这部分元器件，故障即可排除。

故障现象 6：工作正常但某指示灯不能点亮

故障原因分析：该支路限流电阻、整流二极管和发光二极管损坏，连接线有脱焊等。

检修方法与步骤：检查、维修或更换这部分元器件，故障即可排除。

第 7 章

洗衣机

7.1 洗衣机的种类、型号含义

7.1.1 洗衣机的种类

洗衣机的种类很多，从不同的角度出发，有不同的分类方法。洗衣机的分类方法如表 7-1～7-3 所示。

表 7-1 按结构形式分类

分 类	备 注	外 形 结 构
1. 单桶洗衣机	单桶洗衣机只有一个洗涤桶，只能洗涤，不能脱水。单桶脱水机只有一个脱水桶，只能脱水，不能洗涤	
2. 双桶洗衣机	双桶洗衣机由一个洗涤桶和一个脱水桶结合成一体，它的洗涤部分和脱水部分各自有自己的定时器和电动机。洗涤和脱水可以同时进行，它们相互独立，互不干扰	洗涤桶 脱水桶
3. 套桶洗衣机	套桶洗衣机的桶体由同轴的内外两个桶组成。里面的桶称为内桶（又称为洗涤脱水桶），它的四周壁上有许多孔，下面有波轮；外面的桶称为外桶（盛水桶），用来盛放洗涤液，它是固定的。在洗涤时，波轮转动，而内桶是停止的；在脱水时，内桶和波轮及桶内的衣物一起转动	

表 7-2 按自动化程度分类

分 类	备 注
1. 普通洗衣机	洗涤、漂洗、脱水各功能的操作均需要用手动来转换。它一般装有定时器，可根据衣物的脏污程度和织物种类选定操作时间。在型号命名中，一般用 P 表示
2. 半自动洗衣机	洗涤、漂洗、脱水各功能中任意两个功能的转换不用手动操作而能自动进行。它一般由洗衣和脱水两部分组成。在型号命名中，一般用 B 表示
3. 全自动洗衣机	洗涤、漂洗和脱水各功能的转换不用手动操作而能自动进行。衣物放入后能够自动进行洗净、漂洗、脱水，全部程序自动完成。当衣物甩干后，蜂鸣器发出提示响声。在型号命名中，一般用 Q 表示

表 7-3 按洗涤方式分类

分 类	备 注	外 形 结 构
1. 波轮式洗衣机	波轮式洗衣机设有一个立式洗涤桶，在洗涤桶的底部装有波轮。在电动机的驱动下，波轮做间歇性正、反向运转，使桶内洗涤液形成涡流，从而达到洗衣的目的	
2. 滚筒式洗衣机	滚筒式洗衣机为套桶结构，内桶是圆柱形卧置的滚筒，桶壁设有 3～4 条凸棱，桶壁开有许多小孔，滚筒一般是由不锈钢材料制成的，桶上设有一开启的弧形盖，洗涤物由此放入洗涤桶	
3. 搅拌式洗衣机	搅拌式洗衣机是在立式洗涤桶的正中央设置一根垂直立轴，在轴上有搅拌翼（摆动页）。电动机通过传动装置带动搅拌翼做 180°的正反摆动，每分钟约摆动 40～50 次。衣物在洗涤液中不断被搅动，从而达到洗涤的目的	

对于全自动洗衣机，按电气控制方式可分为机械控制式全自动洗衣机和电脑控制式全自动洗衣机。

7.1.2 洗衣机型号的含义

普通型洗衣机是指洗涤、漂洗和脱水三个功能，都需要人工进行转换才能完成的机型。

半自动型洗衣机是指洗涤、漂洗和脱水三个功能中的任意两个功能之间的转换，不需要人工协助就能自动完成的机型。

全自动型洗衣机是指洗涤、漂洗和脱水三个功能之间的转换，均不需要人工协助就能自动完成的机型。

我国的家用洗衣机，按照《GB/T 4288—2003 家用电动洗衣机》的标准规定，通常用一组特定汉语拼音和数字符号表示，一般由 6 部分组成，如图 7-1 所示。

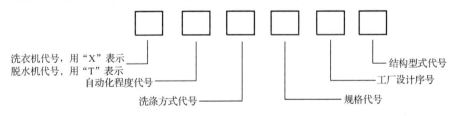

图 7-1 家用洗衣机型号组成

洗衣机规格是型号中的一项重要参数，它表示洗衣机额定洗涤（或脱水）容量的大小。洗衣机额定洗涤（或脱水）容量是指洗涤物洗前干燥状态下的质量，单位为 kg。标准规格乘以 10 表示。如小鸭牌 XPB30-12S 型新水流洗衣机，30 即表示为洗涤容量为 3kg 小鸭牌普通型波轮式双桶新水流洗衣机，是小鸭集团第 12 代的产品。

为强化洗衣机产品的规范管理，自 2009 年 7 月开始，国内洗衣机事业部重新编制并逐步使用新的产品命名规则，规范了产品编码的使用规则。洗衣机产品新的型号命名规则如下。

滚筒洗衣机新型号命名方法如图7-2所示。

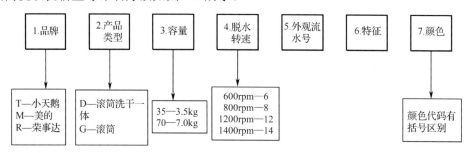

图7-2　滚筒洗衣机新型号命名方法

波轮洗衣机新型号命名方法如图7-3所示。

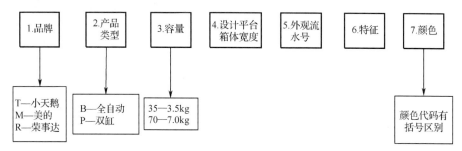

图7-3　波轮洗衣机新型号命名方法

洗衣机新的基本特征代号如表7-4所示。

表7-4　洗衣机新的基本特征代号

代　号	洗衣机特性	代　号	洗衣机特性
G	不锈钢内桶；默认为塑料内桶	PCL	雾喷淋水魔方
P	上排水；默认为下排水	PG	雾喷淋下排水不锈钢内桶
S	双进水；默认为单进水	PC	循环水喷淋
F	模糊控制（浑浊度）	V	VFD 显示
J	节水/一桶洗	E	LED 显示
CL	水魔方	L	LCD 显示
BCL	变速水魔方	A	银离子
R	抑菌材料	Q	可切换
U	紫外线杀菌	D	间接驱动变频
Y	超音波	DD	直接驱动
Z	手搓式	B	双（多）速电机变速
T	三动力	TC	投币
X	离心洗	I	自动投放洗涤剂
M	掉电记忆	H	加热型

洗衣机新的颜色代号如表 7-5 所示。

表 7-5   洗衣机新的颜色代号

颜　色	代　号	颜　色	代　号	颜　色	代　号
白色	W（默认）	绿色	（N）	金色	（G）
灰色	（H）	黄色	（Y）	银色	（S）
黑色	（B）	透明红	（R）	蓝色	（L）
咖啡色	（Z）	透明紫	（P）	花纹	（X）

7.1.3　洗衣机的洗涤原理

1. 洗涤原理

洗衣机的洗涤原理是由模拟人工洗涤衣物发展而来的，即通过翻滚、摩擦、水的冲刷等机械作用及洗涤剂的表面活化作用，将附着在衣物上的污垢除掉，以达到洗净衣物的目的。以波轮式为例，它是依靠装在洗衣桶底部的波轮正、反旋转，带动衣物上、下、左、右不停翻转，使衣物之间、衣物与桶壁之间，在水中进行柔和的摩擦，在洗涤剂的作用下实现去污清洗。

2. 漂洗方式

漂洗方式有多种形式，如蓄水漂洗、溢流漂洗、喷淋漂洗、顶流漂洗等。蓄水漂洗、溢流漂洗一般设置在洗涤桶内进行；喷淋漂洗、顶流漂洗一般设置在脱水桶内进行。以蓄水漂洗为例，衣物放在注有清水的洗涤桶内，由波轮传动进行漂洗，一般经过 2~3 次的漂洗，才能漂清。

3. 脱水

洗衣机一般多采用离心式脱水方式。衣物放入脱水桶后，脱水电动机带动脱水桶做高速旋转，在离心力的作用下，衣物上的水滴从脱水桶侧壁上的小孔中甩出，进入下水管。

4. 洗涤衣物必须具备的三个条件（三要素）

（1）机械力

到目前为止，世界上产销的洗涤剂还没发展到不通过外力的作用就能够自动去污的程度。因此，要洗净衣物就离不开人工的揉搓或洗衣机的机械作用。洗衣机的机械作用是通过波轮或滚筒的转动，产生对衣物的排渗、翻滚、摩擦和冲刷的综合作用。

（2）洗涤剂的作用

洗涤剂是洗净衣物的前提条件，这是因为附着在衣物上的污垢，不仅仅是简单的机械附着，在衣物与污垢之间还存在一些复杂的化学作用。所以，必须使用一些化学洗涤剂，将污垢与衣物分开，才能达到洗净衣物的目的。

（3）水的作用

水能够吸收污垢，水也是洗涤剂能够发挥作用的介质，因此，在洗衣过程中一刻也离不开水。

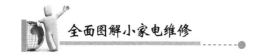
7.2　普通波轮洗衣机的结构

7.2.1　普通波轮洗衣机整体结构

普通波轮洗衣机一般都由洗涤系统、脱水系统、进排水系统、传动系统、电气控制系统及支撑机构 6 部分组成。

1. 普通波轮洗衣机结构外形

普通波轮洗衣机结构外形如图 7-4 所示。

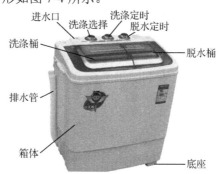

图 7-4　普通波轮洗衣机结构外形图

2. 普通洗衣机爆炸图

普通洗衣机爆炸图如图 7-5 所示。

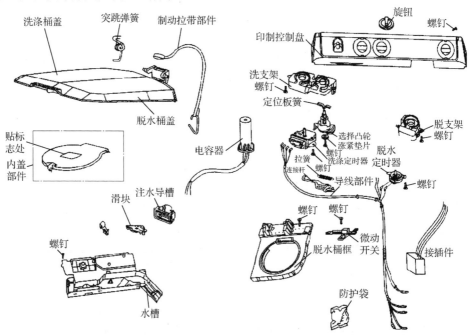

图 7-5　普通洗衣机爆炸图

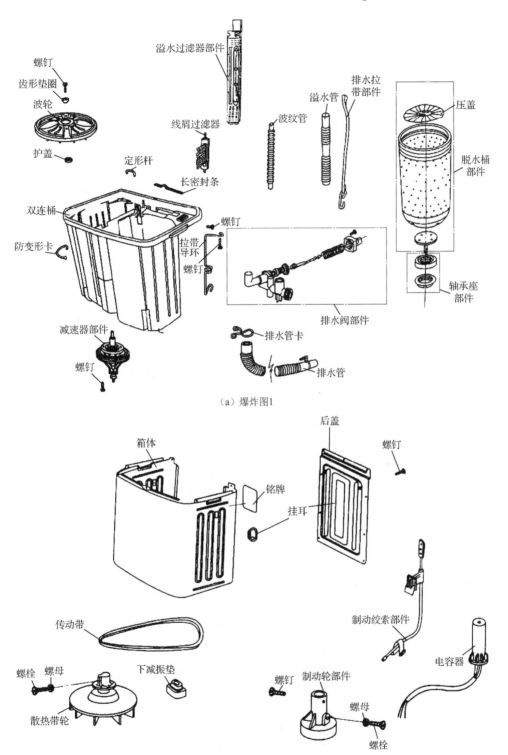

（a）爆炸图1

图 7-5　普通洗衣机爆炸图（续）

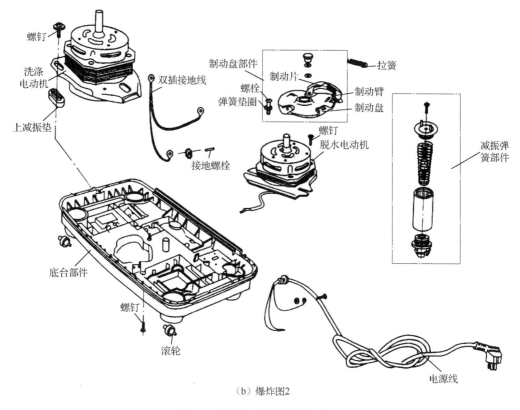

（b）爆炸图2

图 7-5　普通洗衣机爆炸图（续）

7.2.2　普通波轮洗衣机洗涤系统组成及核心部件

普通波轮洗衣机主要由洗涤系统、脱水系统、电气控制系统、传动系统和支撑结构等组成。洗涤系统组成及核心部件如下。

1. 洗涤桶

洗涤桶结构外形如图 7-6 所示。洗涤系统主要由洗涤桶、波轮及波轮轴组件等组成。洗涤桶用来盛放洗涤液和被洗衣物，并协助波轮进行洗涤。洗涤桶的大小决定了洗衣机的洗涤容量。有的洗衣机还在洗涤桶内壁上增加了凸筋，可以增加湍流数量，增强洗涤效果。洗涤桶一般采用聚丙烯塑料。

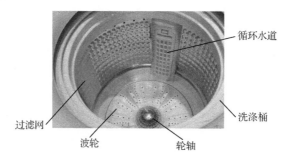

图 7-6　洗涤桶结构外形

2. 过滤系统

过滤系统如图 7-7 所示。波轮底部的叶片与洗涤桶的挡圈组成一个离心泵，在洗涤时将水从底部压入循环水道和喷瀑板，并由上部排出，用于加强水流，增强洗涤效果。洗涤桶内一般都设置有过滤网，用于过滤洗涤中产生的线屑等污物。

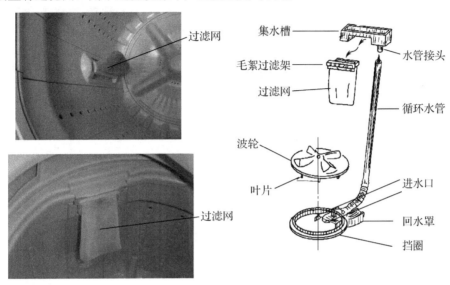

图 7-7　过滤系统

3. 波轮

波轮是对洗涤物施加机械作用的主要部件，它的外形结构较多，如图 7-8 所示。对洗衣机的洗涤性能有着直接的影响。不同形状的波轮正、反方向的旋转可以产生不同的水流，从而达到洗净衣物的目的。

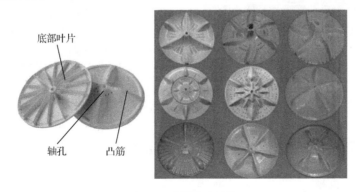

图 7-8　波轮外形结构

波轮上的凸筋主要作用是增加摩擦力，在波轮的底部设计有叶片（又称为强制水流循环叶片），与波轮连接成一个整体，叶片相当于一个离心水泵的叶轮。波轮旋转时，叶轮驱动波轮下方的洗涤液旋转，洗涤液及洗涤液中的毛絮、纤维等细小杂物经循环水管被扬高到集水槽中，实现了洗涤液中毛絮的过滤收集。

4. 波轮轴组件、减速器

波轮轴组件是支撑波轮和传递动力的重要部件。波轮轴组件外形及结构如图 7-9 所示。

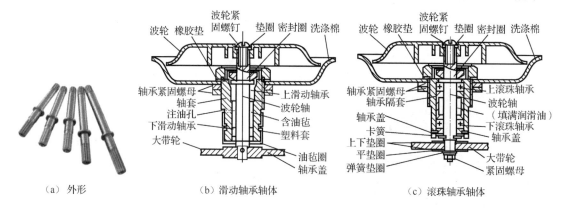

（a）外形　　　　（b）滑动轴承轴体　　　　（c）滚珠轴承轴体

图 7-9　波轮轴组件外形及结构

波轮轴体结构常见的有两种：一种是采用滑动轴承的，由波轮轴、轴套、密封圈、上滑动轴承、下滑动轴承及轴承套等组成，如图 7-9（b）所示。

另一种是采用滚珠轴承的，它由波轮轴、轴套、密封圈、上滚珠轴承、下滚珠轴承、轴承隔套及轴承盖等组成，如图 7-9（c）所示。

波轮洗衣机中的波轮转速一般为每分钟 120～180 转，而电动机为 1500 转/分，这就需要通过减速器来实现减速。减速器又称减速离合器，它可以降低电动机的转速并增加力矩，带动波轮工作。减速器外形及结构如图 7-10 所示。

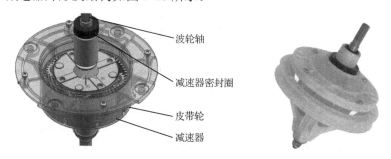

图 7-10　减速器外形及结构

7.2.3　普通波轮洗衣机脱水系统组成及核心部件

1. 脱水外桶、内桶

脱水外桶、内桶结构外形如图 7-11 所示。

脱水外桶主要作用：一是安放脱水内桶和安装水封橡胶囊；二是盛接脱水过程中从脱水内桶的衣物中甩出的水，并通过外桶的排水口将水排出机外。

脱水内桶用来盛放需要脱水的湿衣物，外形为圆筒状，其外壁上有许多小孔，以方便把水甩到桶外。

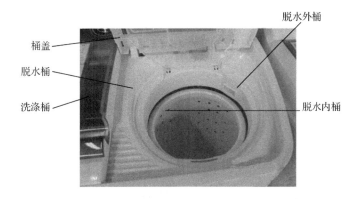

图 7-11 脱水外桶、内桶结构外形

2. 脱水轴组件

脱水轴组件结构外形如图 7-12 所示。

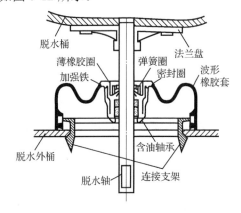

图 7-12 脱水轴组件结构外形

脱水轴组件的主要作用是将电动机的动力传递给脱水桶，它主要由脱水轴、密封圈、波形橡胶套、含油轴承及连接支架等组成。

3. 刹车装置

为了避免高速旋转的脱水内桶在脱水时伤及人体，因此设置有受脱水桶盖控制的刹车装置。若在脱水情况下开盖，脱水桶盖在切断脱水电动机电源的同时，也将刹车钢丝拉紧，使刹车结构动作，使脱水桶在极短时间内停止转动。当合下桶盖后，刹车结构退出刹车状态。刹车装置结构外形如图 7-13 所示。

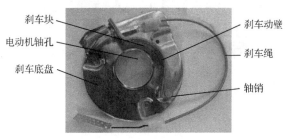

图 7-13 刹车装置结构外形

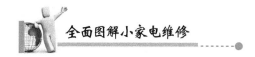
7.2.4 普通波轮洗衣机传动系统组成及核心部件

1. 电动机

电动机结构外形如图 7-14 所示。

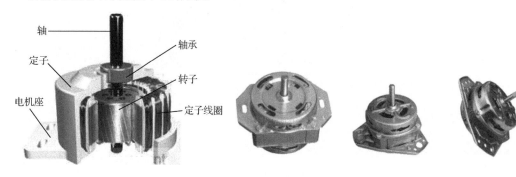

图 7-14　电动机结构外形

洗衣机中采用的电动机一般为电容运转式电动机，主要为洗涤、脱水提供动力。双桶洗衣机采用两个电动机，一个是洗涤电动机，另一个是脱水电动机。

洗衣机在洗涤时，波轮正、反向运转的工作状态要求完全一样。为满足这个要求，将洗涤电动机的主、副绕组设计的一样，即线径、匝数、节距和绕组分布形式一样。洗涤电动机功率一般有 90W、120W、180W 和 280W 四种规格。不同容量洗衣机所配备的电动机功率是不一样的。

脱水电动机的结构与工作原理与洗涤电动机是一样的，主要区别是其功率较小，通常为75～140W，旋转方向都是逆时针方向，其定子绕组有主、副之分，主绕组线径粗，电阻较小；副绕组线径较细，电阻较大。

2. 电容器

洗衣机电机中的电容是无极性的，如图 7-15 所示，洗涤电动机配用的电容，容量一般为 8μF、10μF、12μF，耐压为 450V。脱水电动机配用的电容，容量一般为 4μF、5μF、6μF，耐压为 450V。一般采用金属化聚丙烯电容器。

图 7-15　电容器

7.2.5　普通波轮洗衣机进、排水系统组成及核心部件

洗衣机的进水系统一般较为简单，大部分采用的是顶部淋洒注入，如图7-16所示。

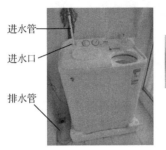

图7-16　进水管

洗衣机的排水系统较进水系统复杂一些，常采用简单的排水阀或四通阀。

排水阀工作原理、结构及外形如图7-17所示。当旋转控制钮使其处于排水状态下时，连杆和杠杆机构便将橡胶锥形塞上提，洗涤液便由排水管流出，反之，阀门关闭。

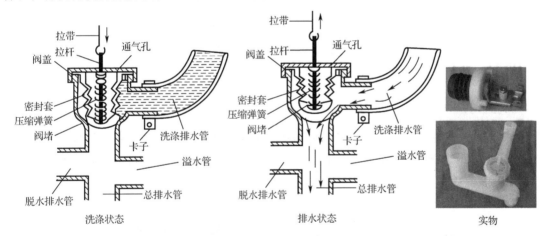

图7-17　排水阀工作原理、结构及外形

7.2.6　普通波轮洗衣机电气控制系统组成及核心部件

1. 洗涤定时器

洗涤定时器工作原理、结构及外形如图7-18所示。

洗涤定时器有两个作用：一是控制洗衣机的全部洗涤时间；二是通过控制时间组件控制电动机正反转和间歇时间。时间组件（定时器）中的转换器，洗凸轮的转动，控制 K 与 K_1 接通/断开、与 K_2 接通/断开，使洗涤电动机实现正转—停止—反转—停止—正转的洗涤工作。

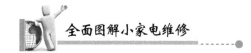

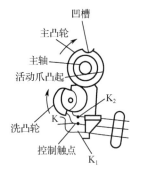

图 7-18　洗涤定时器工作原理、结构及外形

2. 脱水定时器

脱水定时器只控制脱水电动机的运转总时间，一般只有两个引出线，脱水定时器外形结构如图 7-19 所示。

图 7-19　脱水定时器外形结构

3. 盖开关

盖开关也叫安全开关，其外形结构如图 7-20 所示。脱水桶在工作过程中高速旋转，即使在断电后，惯性运转的速度也是很大的。为保证使用者的安全，在脱水电动机的电路上串联了一个盖开关。

盖开关

图 7-20　盖开关外形结构

当脱水桶外盖合上时，盖开关接通，电动机正常旋转工作。当脱水桶的外盖掀开一定距离时，盖开关的上、下簧片触头断开，从而切断脱水电动机的电路供电，脱水电动机处于惯性运转，刹车机构使脱水电动机及脱水桶迅速停止转动。

7.2.7　支撑机构核心部件

支撑机构由箱体、底座及减震装置等组成，其结构外形如图 7-21 所示。

（a）箱体底部

（b）箱体

（c）底座

（d）减震器

图 7-21 支撑机构

7.3 普通波轮洗衣机工作原理

7.3.1 洗涤电动机正、反转控制基本原理

洗涤电动机正、反转控制的基本原理如图 7-22 所示。

当 K（转换器）与 1 接通时，主、副绕组就有电流通过，电容的作用使得副绕组 L_2 中通过的电流超前主绕组 L_1 中通过的电流 90°电角度，形成两相旋转磁场，电动机启动运行。当 K 与 2 接通时，同理，电动机反向运行。如果 K 与 1、2 不断地交替接通，则电动机就会一会儿正转，一会儿反转，交替转向，这就是洗衣机电动机的工作原理。

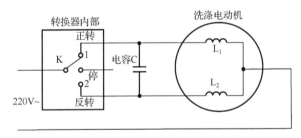

图 7-22 洗涤电动机正、反转控制基本原理

7.3.2 普通波轮洗衣机工作原理

普通波轮洗衣机工作原理如图 7-23 所示。

普通双桶洗衣机的电路由相互独立的两部分组成，一部分为控制洗涤电动机的电路；另一部分为控制脱水电动机的电路。

1. 洗涤原理

洗涤电路由洗涤电动机、电容器、洗涤定时器及洗涤方式选择开关等组成。

洗涤模式选择开关为旋钮式，供操作者根据洗涤衣物的具体情况来选择。强洗即单向洗，弱洗即正转、反转两个方向洗。洗涤方式是通过该旋钮产生一个机械力，这个力通过杠杆机构来驱动洗涤定时器的导通情况。

洗涤定时器有 3 组触点开关，第一组是主触点开关，用来控制洗涤的总时间；第二、三组是中洗（标准洗）和弱洗（轻柔洗）方式的触点开关，由定时器的两个凸轮分别控制，使

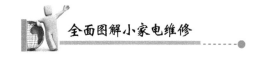

洗涤电动机按照正转、停止和反转的规律工作。

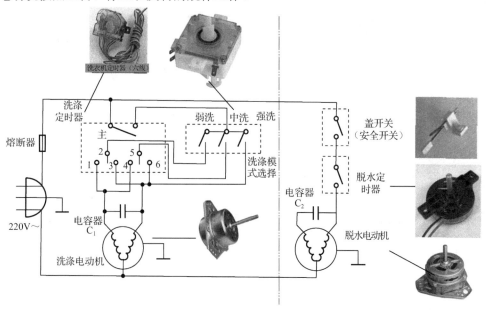

图 7-23　普通波轮洗衣机工作原理

当选择强洗时，电流通过洗涤定时器主触点开关和强洗转换开关向洗涤电动机供电，这时，洗涤电动机只向一个方向旋转，进行单向洗涤。当洗涤结束时，控制定时器主触点开关的凸轮回转到开始的位置，主触点开关断开，电路切断，电动机停止转动。

当选择中洗时，电流通过定时器主触点开关和中洗开关，并通过定时器的标准洗触点，向洗涤电动机供电。标准洗的触点凸轮在弹簧力的控制下不断旋转，簧片 5 不断变换位置与 4、6 接触，则电动机便会按设定好的程序，一会儿正转，一会儿停止，一会儿反转，从而实现标准洗涤控制，而转停时间的长短通过凸轮设计来实现。

当选择弱洗时，与中洗相似。

2. 脱水原理

脱水电路由脱水电动机、脱水定时器、盖开关等组成。

脱水电路中的脱水定时器触点和盖开关是串联的，两者中间任意一个断开都能使脱水电动机断电。所以，脱水时必须闭合桶盖。脱水定时后，定时器的触点就接通，直到定时时间到触点断开，电动机才停止转动。

7.4　普通波轮洗衣机常见故障的检修

7.4.1　现场操作 19——洗涤不能工作

故障现象：洗涤不能工作

故障原因分析：脱水能正常工作，说明电源和熔断器是正常的，故障主要在洗涤系统。用手拉动传动皮带，若波轮转动灵活，则说明机械方面基本正常，故障在电路方面；否则，故障在机械部分。主要应检查波轮传动系统、洗涤定时器、洗涤电动机及连接导线等。

检修方法与步骤如下。

第一步：用手拨动波轮看是否有卡阻现象或松脱现象。

若有卡阻现象，则松开波轮的螺钉，取出掉落的杂物。拆卸波轮如图 7-24 所示。

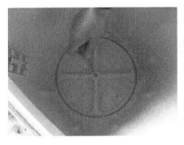

图 7-24　拆卸波轮

第二步：检查三角皮带是否断裂或松脱。皮带传动系统如图 7-25 所示。

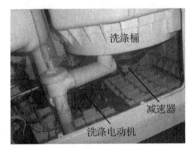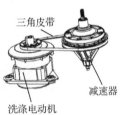

图 7-25　皮带传动系统

若皮带断裂或松脱，则更换之。

第三步：检查电动机启动电容。

若启动电容失容或暴涨，则更换之。

第四步：检测电动机绕组电阻值或工作电压。

电动机断路较容易判断；而电动机短路则不容易判断，但会屡烧熔断器。在熔断器正常的情况下，电动机无供电电压，则故障为在洗涤定时电路及它们之间的连接线有断路现象等。

第五步：检测洗涤定时器。

可用短路线短路洗涤定时器，前置开机，若工作正常，则为定时器损坏，更换定时器；否则，应检查线路连接线。

7.4.2　现场操作 20——脱水不能工作

故障现象：脱水不能工作

故障原因分析：能洗涤，只是脱水不能工作，表明电源供电是正常的，熔断器也是完好的。故障在脱水系统电路（脱水电动机、电容器、脱水定时器、盖开关）或机械结构。

检修方法与步骤如下。

第一步：判断电源电压是否加在电动机上。

电源插头接入插座，设置一个脱水定时时间，细听脱水电动机的响声。若有"嗡嗡"声音，说明电源已经加到电动机上了。

若没有"嗡嗡"声音，说明电源没有加到脱水电动机上或电动机绕组断路。用电阻法或电压法检测脱水电动机的线路。

第二步：检查脱水桶。

在断电的情况下，检查是否有洗涤物品等掉入脱水桶底，卡住或缠绕住转轴，排除缠绕物后故障即排除；如无异物掉入，打开洗衣机机箱后盖板，用手轻轻拨动脱水电动机上面的联轴器（需合上脱水外盖），看其旋转是否灵活，联轴器上的紧固螺钉是否有松脱现象等。

若联轴器手动旋转正常，则可能是电动机主绕组短路或负绕组断路、电容器损坏等。

若联轴器手动旋转受阻，则主要原因可能是刹车机构有问题，如制动钢丝松弛、断裂等。

脱水系统传动部分如图 7-26 所示。

刹车拉线
联轴器
联轴器
脱水电动机
排水阀
减震器　电容器　洗涤电动机

图 7-26　脱水系统传动部分

7.4.3　现场操作 21——洗涤、脱水都不能工作

故障现象：洗涤、脱水都不能工作

故障原因分析：主要有供电电源或机内电源供电线路故障两个原因。

检修方法与步骤如下。

第一步：检查供电电源。

首先排查是否是供电电源的问题。用万用表测量供电电源插座是否为 220V 的交流市电，若电压不正常，就要首先排除。

第二步：检测机内供电线路。

在熔断器完好的情况下，可以采用电阻法或电压法排查断路源。

第三步：烧熔断器。

对于烧熔断器，不要更换上新的熔断器就试机，而要查明烧熔断器是否是短路故障发生而引起的。

屡烧熔断器的原因：熔断器规格选择不当，应选择适当的熔断器；短路情况发生，如电容器、电机、导线有短路等，应检查并排除短路故障；操作板内进水或脱水桶皮碗漏水，应烘干操作板，更换皮碗。

7.4.4　现场操作22——波轮转速较慢，洗涤无力

故障现象：波轮转速较慢，洗涤无力

故障原因分析：主要原因有供电电源电压过低、洗涤的衣物过量、皮带打滑或有些松、波轮有衣物缠绕、电动机绕组有轻微短路现象、电容器断路或失容等。

检修方法与步骤如下。

第一步：检查洗涤衣物的放置量。洗涤的衣物过量，可以减少衣物放入量。

第二步：检测电源电压是否异常。若电压过低，则同供电部门联系。

第三步：检查波轮转动是否灵活。波轮有衣物缠绕时，清除缠绕的衣物。

第四步：检查皮带、皮带轮。皮带若打滑，清洗皮带轮的油渍、更换皮带；皮带过松，可增大电动机与传动皮带轮中心之间的距离，或更换皮带。

第五步：检查电动机、电容器。电动机绕组有轻微短路现象，一般需要更换电动机。电容器断路或失容，就需要更换电容器。

7.4.5　现场操作23——排水系统漏水

故障现象：排水系统漏水

故障原因分析：主要原因有排水管道有漏点、排水旋钮卡死或有问题、排水拉带有问题、排水阀门损坏或有异物卡住。

检修方法与步骤如下。

第一步：检查排水管道是否有漏点。

如有漏点，可用万能胶粘补或更换配件。

第二步：检查排水旋钮、排水拉带、排水阀门。

维修或更换排水旋钮、调整排水拉带；清除异物或更换阀门。

排水系统如图 7-27 所示。

图 7-27　排水系统

7.4.6 现场操作24——其他常见故障的检修

其他常见故障的检修见表7-6。

表7-6 其他常见故障的检修

常见故障现象	故 障 分 析	排 除 方 法
通电后波轮不转动,有"嗡嗡"声	波轮被异物卡住	手拨动波轮看是否转动灵活,若不灵活,拆卸下波轮看是合有异物卡住
	皮带松脱	重装、更换或调整皮带的松紧程度
	电动机本身有问题	维修或更换电动机
	波轮轴损坏而咬死	拆卸下波轮组件,更换波轮轴或其组件
洗衣时波轮运转不正常	洗涤选择开关损坏	维修或更换洗涤选择开关
	洗涤定时器损坏	维修或更换洗涤定时器
脱水桶抖动严重	放入脱水桶的衣物未压紧、压平,造成脱水桶旋转时严重失去平衡	把衣物压紧、压平
	防震弹簧损坏	更换防震弹簧
	脱水桶紧固螺钉或联轴器上的螺钉松动	重新紧固这些螺钉
衣物磨损严重	洗涤时水量过少	水量要适当增加
	波轮、洗衣桶内壁有毛刺或粗糙	用细纱布打磨毛刺或粗糙部位
脱水桶不能转动或转动不正常	盖开关有问题或损坏	维修或更换盖开关
	刹车出现异常或损坏	维修刹车或更换刹车
	脱水定时器损坏	维修或更换脱水定时器
	脱水电动机本身损坏	维修或更换脱水电动机
	脱水电动机的电容器损坏	更换脱水电动机的电容器
	脱水桶被异物卡住	清理异物
洗净率不高	波轮转速慢	参考"波轮转速慢"处理方法
	波轮严重磨损	更换波轮
洗衣桶漏水	波轮轴套的密封圈损坏	更换密封圈
	波轮轴组件有问题或磨损严重	更换波轮轴组件
脱水外桶漏水	脱水轴密封圈损坏或橡胶套损坏	更换密封圈或橡胶套
	脱水外桶破裂	用万能胶粘补或更换脱水外桶
排水系统漏水	排水管破裂	更换排水管
	排水管道有漏点	用万能胶粘补
	排水旋钮卡死或有问题、排水拉带有问题	维修或更换排水旋钮、调整排水拉带
	排水阀门损坏或有异物卡住	排出异物或更换阀门
漏电	保护接地线安装不良	重新安装保护接地线
	电动机内部受潮严重	电动机做绝缘处理或更换电动机
	电容器漏电	更换电容器
	导线接头密封不好	重新进行绝缘包扎

续表

常见故障现象	故 障 分 析	排 除 方 法
刹车性能不好	盖开关移位或损坏	更换或重新固定盖开关
	刹车块磨损严重	更换刹车块或更换刹车机构
	刹车弹簧疲劳、老化	更换刹车弹簧
	刹车块与刹车鼓距离过大	重新调整刹车块与刹车鼓距离,或调整刹车拉杆与刹车挂板的孔眼位置

第8章

食品加工机

常见的家用食品加工机有豆浆机、榨汁机和绞肉机，下面结合实际产品分别进行介绍。

8.1 豆浆机的结构组成及核心部件

8.1.1 豆浆机的整体结构

豆浆机是家庭自制多种五谷、果蔬、玉米汁等的实用小家电。它采用单片机控制，预热、粉碎、煮酱、延时熬煮全自动完成，可在十几分钟内做出各种新鲜香浓的熟豆浆。豆浆机一般都具有多种功能设置，用户可以根据需要选择不同的工作程序。

豆浆机的外形和结构如图 8-1 所示。

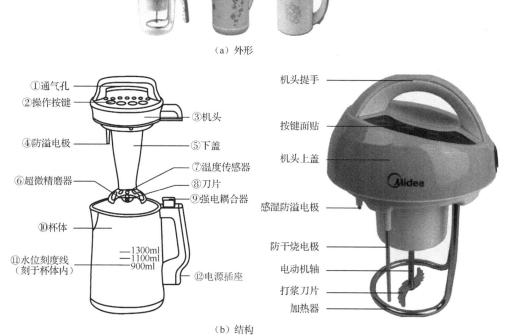

（a）外形

（b）结构

图 8-1 豆浆机的外形和结构

8.1.2 豆浆机的核心部件

1. 杯体

杯体像一个硕大的茶杯，有把手和流口，材料主要为不锈钢杯体。杯体的上口沿恰好套住机头下盖，对机头起固定和支撑作用。杯体外形结构如图8-2所示。

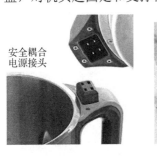

图 8-2　杯体外形结构

2. 机头

机头外形结构如图 8-3 所示。机头是豆浆机的总成，除杯体外，其余各部件都固定在机头上。机头外壳分上盖和下盖。上盖有提手、工作指示灯和电源插座。下盖用于安装各主要部件，在下盖上部（即机头内部）安装有电脑板、变压器和打浆电机。下盖的下部有加热器、刀片、网罩、防溢电极、温度传感器及防干烧电极。

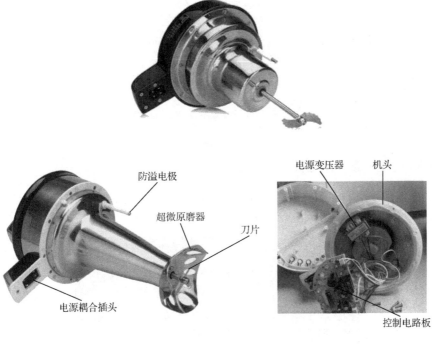

图 8-3　机头外形结构

3. 面板操作按键

面板操作按键如图8-4所示。按下功能按键选择要执行的功能程序，相应的指示灯亮。

图8-4 面板操作按键

4. 加热器

加热器外形结构如图8-5所示。

图8-5 加热器外形结构

5. 温度传感器与防干烧电极

温度传感器用于检测"预热"时杯体内的水温，当水温达到84℃左右时，启动电动机开始打浆。温度传感器外形结构如图8-6所示。

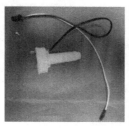 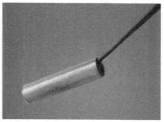

图8-6 温度传感器外形结构

防干烧电极外形结构如图 8-7 所示，它是利用温度传感器的不锈钢外壳来实现的。比防溢电极长很多，插入杯体底部。杯体水位正常时，防干烧电极下端应当被浸泡在水中。当杯体中水位偏低或无水，或机头被提起并使防干烧电极下端离开水面时，单片机的微控制器将禁止豆浆机工作。

图 8-7 防干烧电极外形结构

6. 刀片

刀片采用高硬度不锈钢材质，用于粉碎豆粒。刀片的类型较多，常见刀片的外形结构如图 8-8 所示。

图 8-8 常见刀片的外形结构

8.2 九阳 JYDZ-8 豆浆机工作原理与检修

8.2.1 九阳 JYDZ-8 豆浆机工作原理

1. SH66P20A 单片机各引脚主要功能

SH66P20A 单片机各引脚主要功能见表 8-1。

表 8-1 SH66P20A 单片机各引脚主要功能

脚 号	引脚主要功能	脚 号	引脚主要功能
1	指示灯	5	地
2	温度传感器输入端	6	—
3	—	7	启动信号输入端
4	—	8	电动机信号输入端

续表

脚　　号	引脚主要功能	脚　　号	引脚主要功能
9	加热信号输入端	14	电源供电
10	—	15	—
11	电机驱动信号输出端	16	—
12	加热器驱动信号输出端	17	水位检测信号输入端
13	蜂鸣器驱动输出	18	泡沫检测信号输入端

2. 九阳 JYDZ-8 豆浆机工作原理

九阳 JYDZ-8 豆浆机工作原理如图 8-9 所示。

（1）电源工作原理。

接通电源后，220V 市电经变压器 B 降压，得到 12V 左右的低压交流电，在经过 VD_1～VD_4 桥式整流和 C_1 滤波后，得到 12V 直流电压，该电压给 K_1、K_2 继电器线圈提供电压。12V 直流电压在经过三端稳压器 LM7805 稳压，C_3 滤波后，得到 5V 直流电压，该电压给单片机及其他电路供电。其中，C_2、C_4 为高频旁路电容。

（2）待机状态工作原理。

上电后，单片机的 14 脚得到 5V 电压，单片机就开始工作，其 1 脚输出低电平，5V 电压经 R_{15} 限流加至 LED 上，指示灯点亮，表明机子处于待机状态；同时，单片机的 13 脚输出高电平信号，使 VT_2 导通而驱动蜂鸣器报警发出"嘀"的一声。

（3）打浆、加热工作原理。

杯内有水且在待机状态下，按下"启动"键，单片机检测到 7 脚电位由高电平变为低电平，确认用户发出打浆指令后，在蜂鸣器报警的同时，从 12 脚输出高电平驱动信号，该高电平控制信号通过 R_8 限流、VT_3 放大，为继电器 K_2 线圈供电，使 K_{2-1} 的触点吸合，为加热管 R_G 供电。

加热约 8 分钟水温超过 85℃后，温度传感器 RT 的阻值减小到设定值，+5V 电压通过它与 R_{14} 取样后电压升高到设定值，该电压加到单片机的 2 脚后，单片机将该电压与内部温度值进行比较，判断加热温度是否达到要求，控制 12 脚输出低电平控制信号，使 VT_3 截止，继电器 K_{2-1} 的触点释放，加热管停止加热；同时，11 脚输出高电平控制电压经 R_9 限流后使 VT_1 导通，为继电器 K_1 线圈供电，从而使电动机得电，开始打浆。经过 4 次打浆后，单片机的 12 脚电位变为低电平，VT_3 截止，电动机停止转动，打浆结束。

打浆结束后，单片机的 12 脚再次输出高电平，加热管再次加热至豆浆沸腾。

沸腾后浆沫接触到防溢电极，使单片机的 18 脚电位变为低电平，单片机判断豆浆已经煮沸，控制 12 脚输出低电平，VT_3 截止，加热管停止加热。当浆沫回落，低于防溢电极后，单片机的 12 脚又输出高电平，如此反复延煮 15 分钟后，停止加热。同时蜂鸣器报警，提示完成工作。

（4）手动打浆工作原理

当需要单独加热时，先按加热键预置加热程序，再按启动键，单片机相继检测到 9 脚、7 脚为低电平，控制 12 脚输出高电平信号，使 VT_3 导通，继电器 K_2 触点吸合，加热器单独加热。当再次按加热键后，9 脚的低电平被单片机检测后控制 12 脚输出低电平，加热工作就停止了。

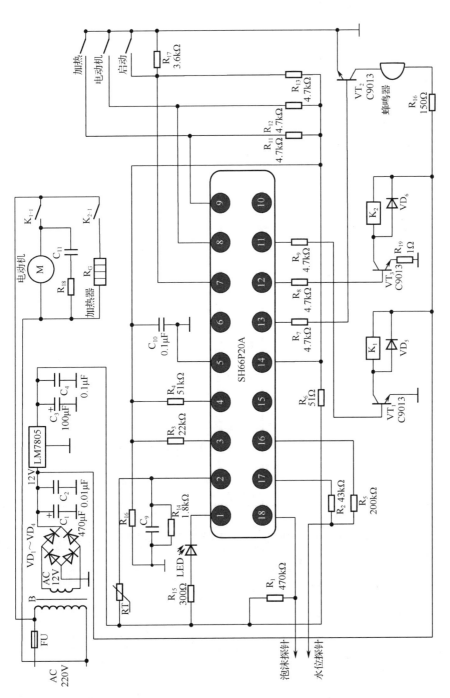

图8-9 九阳 JYDZ-8 豆浆机工作原理

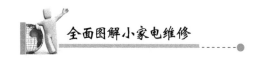

当需要单独打浆时，先预置电动机工作次数，再按一下启动键，单片机相继检测到 8 脚、7 脚为低电平后，控制 11 脚输出高电平，VT₁ 导通，继电器 K₁ 的触点吸合，电动机开始旋转，执行打浆预置程序，完成打浆后自动停止。

（5）防干烧保护工作原理

当杯内无水或水量低于水位线时，由于水位探针接触不到水，单片机的 17 脚电位变为高电平，13 脚输出报警信号。该信号通过 VT₂ 放大后使蜂鸣器长鸣报警，豆浆机自动停止加热，防止加热管过热损坏，实现防干烧保护。

8.2.2 现场操作 25——九阳 JYDZ-8 豆浆机的检修

九阳 JYDZ-8 豆浆机的检修如表 8-2 所示。

表 8-2 九阳 JYDZ-8 豆浆机的检修

故 障 现 象	故 障 分 析	故 障 排 除
整机不工作	供电线路异常	检测电源线和电源插座是否正常。若不正常，检查或更换
	电源电路有问题	若烧熔断器，主要应检查变压器、整流桥、电动机、加热管、单片机、三端稳压器、滤波电容是否存在短路问题。 若不烧熔断器，加电用电压法检查，主要应检查的关键点，如变压器初级交流 220V、次级交流 12V；C_1 两端+14V；C_3 两端+5V。哪一级电压异常，故障就在该部分电路。 检查窗口内水量是否达到水位线，若未达到需再次加水，再检查单片机的 14 脚是否有 5V 电压；加水后 17 脚是否为低电平；K_1、K_2 继电器线圈是否有 12V 电压；电机或加热器两端分别有无 220V 交流电压等
	单片机电路有问题	首先，检查单片机的工作条件电路是否正常。 其次，检查单片机的 11 脚是否有高电平输出，若无，则是单片机损坏。 再次，检测单片机其他引脚电压。在排除单片机外接元件损坏的情况下，就是单片机本身损坏
加热时泡沫溢出	防溢探针异常	检查防溢探针是否生锈或引线断
	继电器 K_2 的触点是否粘连	在路测量继电器 K_2 的触点是否粘连，若粘连，可更换继电器
	三极管 VT₃ 的 CE 结击穿	检查、更换三极管 VT₃
	单片机异常	检查单片机的 18 脚是否为低电平，若该电压正常，则单片机正常；否则为单片机故障
能打浆，但不能加热	加热管断路	加热时，检测加热管 R_G 两端有无市电电压输入，若有，检查加热管。直接用电阻法测量其阻值
	继电器 K_2 有问题	加热时，检查继电器 K_2 线圈是否有工作电压，若无，检查供电和驱动电路；若有电压，检查线圈是否断路或触点是否损坏
	三极管 VT₃ 有问题	加热时，检查三极管 VT₃ 基极是否有正常的导通电压（0.7V），若有，检查三极管 VT₃ 的偏置电路，如供电电压、R_{19} 等；若无，检查三极管 VT₃ 和单片机的 12 脚输出信号电平
	温度传感器 RT 有异常	直接用电阻法检查温度传感器是否正常
	单片机有问题	脱开单片机的 12 脚，加热时，检查输出电平是否有 0.7V，若有，说明单片机输出是正常的；若无，则为单片机异常

续表

故障现象	故障分析	故障排除
有提示音，但不能打浆	电动机 M 有问题	检查电动机是否卡死；检测电动机绕组是否正常。更换电动机
	继电器 K_1 有问题	检查、更换继电器
	三极管 VT_1 有问题	检查、更换三极管
	单片机本身有问题	检查、更换单片机
不加热，蜂鸣器长时间报警	水位探针异常	检查水位探针是否断路，是否有锈蚀现象
	单片机异常	检查、更换单片机
水温加热至 84℃以上后，电动机仍然不打浆	温度传感器 RT 损坏	RT 是负温度系数热敏电阻，检测判断其阻值是否发生变化，若损坏，更换之
	单片机本身已损坏	主要应检测 2 脚。更换单片机
	单片机 2 脚外围元件有损坏的	主要应检查 C_9、R_{14} 等，更换损坏的元件

8.3　榨汁机工作原理与维修

8.3.1　榨汁机的构造及核心部件

常见榨汁机的外形如图 8-10 所示。

图 8-10　常见榨汁机的外形

2 款榨汁机整机构造如图 8-11 所示。

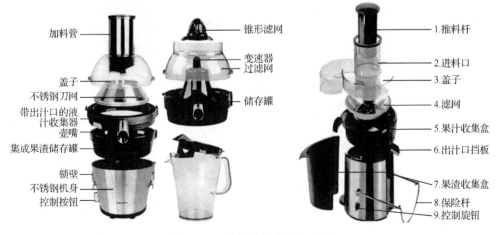

图 8-11　2 款榨汁机整机构造图

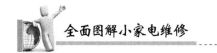

下面对榨汁机的核心部件进行介绍。

（1）刀座齿轮（连接轴）。

刀座齿轮外形结构如图8-12所示。

图8-12　刀座齿轮外形结构

（2）过滤网。

过滤网外形结构如图8-13所示。

图8-13　过滤网外形结构

（3）刀具。

刀具的型号和种类较多，常见的几种刀具外形结构如图8-14所示。

图8-14　常见的几种刀具外形结构

（4）电动机。

电动机的型号和种类较多，常见的几种电动机外形结构如图8-15所示。

图8-15　常见的几种电动机外形结构

8.3.2　九阳JYZ-A511榨汁机工作原理

九阳JYZ-A511榨汁机工作原理如图8-16所示。

当杯体安装到位后，杯体位置开关就自动接通，在电源插头有市电的情况下，按下调速开关SB中的高速按键，由于SB开关是自锁性，其他按键就断开，电流回路为220V→高速开关→正温度系数热敏电阻PTC_1→电感L_1→串励电动机M→电感L_2→PTC_2→杯体位置开关

SW→压力安全开关 SP→220V。

当杯体有倾斜时，SW 将自动断电；当杯体压力过高时，压力安全开关 SP 就自动断电，从而起到了保护作用。

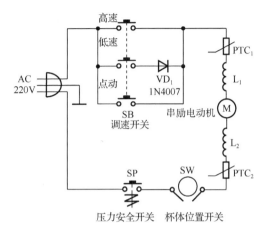

图 8-16 九阳 JYZ-A511 榨汁机工作原理

低速工作状态是通过二极管 VD_1 半波整流而工作的；点动工作是按压按键就工作，松开就不工作。

8.3.3 现场操作 26——九阳 JYZ-A511 榨汁机检修

故障现象 1：整机不工作

故障原因分析：该故障范围较大，主要有调速开关断路、压力开关断路、杯体位置不正确或倾斜、电动机绕组损坏、PTC_1 或 PTC_2 断路等。

检修方法与步骤如下。

第一步：检查杯体是否有倾斜现象。

杯体有倾斜或有异物卡住杯体，应清理异物，放正杯体。

第二步：用电阻法或电压法查找故障元件。

用电阻法或电压法查找故障元件。PTC 的阻值在 10Ω。同时注意线路是否存在有断路现象。

故障现象 2：工作一会儿就停机

故障原因分析：该故障的最主要原因是保护电路动作了，主要应检查压力安全开关、PTC等元件。

检修方法与步骤如下。

第一步：检查是否过负荷。

在机器不工作时，可稍等 10~20 分钟，待 PTC 元件降至常温后，再通电试机，若开机后该机不再断电，说明机子是过热、过流保护，适当减小负载（减少料的放入量）后，榨汁机仍可继续工作；否则，是有元件损坏。

第二步：检查压力安全开关、PTC、电动机等元器件。

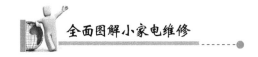

故障现象 3：效率低

故障原因分析：该故障的最主要原因是电动机或刀具有老化现象等。
检修方法与步骤如下。
第一步：检查更换刀具。对于刀具有磨损严重的，可更换刀具。
第二步：检查电动机是否老化，可更换电动机试试。

8.4　九阳 JYS-A800 绞肉机工作原理与检修

8.4.1　九阳 JYS-A800 绞肉机外形结构

九阳 JYS-A800 绞肉机外形结构如图 8-17 所示。

图 8-17　九阳 JYS-A800 绞肉机外形结构

九阳 JYS-A800 绞肉机爆炸图如图 8-18 所示。

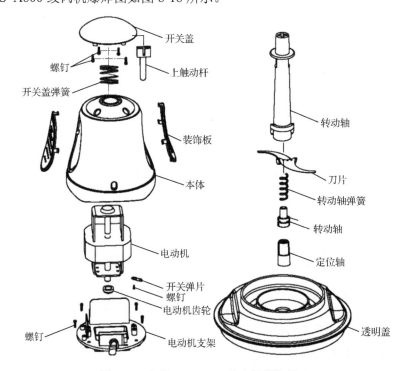

图 8-18　九阳 JYS-A800 绞肉机爆炸图

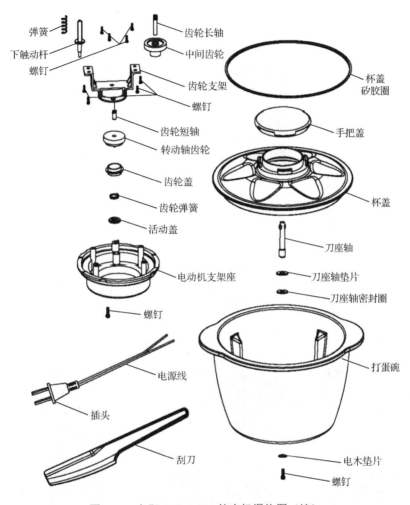

图 8-18　九阳 JYS-A800 绞肉机爆炸图（续）

8.4.2　九阳 JYS-A800 绞肉机工作原理

九阳 JYS-A800 绞肉机工作原理如图 8-19 所示。

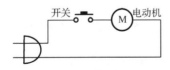

图 8-19　九阳 JYS-A800 绞肉机工作原理图

8.4.3 现场操作 27——九阳 JYS-A800 绞肉机整机拆卸

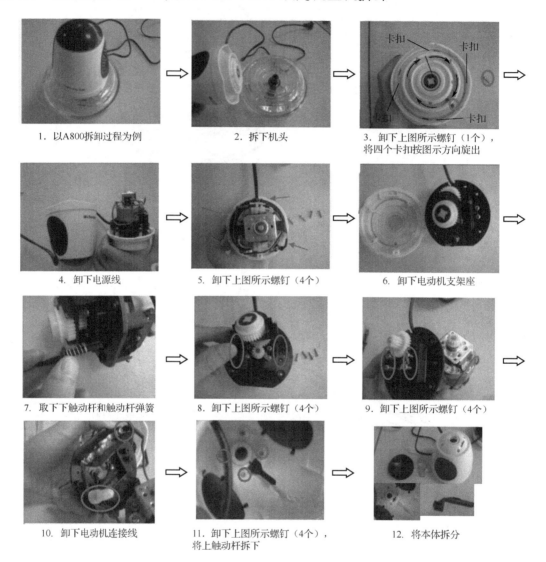

1. 以 A800 拆卸过程为例

2. 拆下机头

3. 卸下上图所示螺钉（1个），将四个卡扣按图示方向旋出

4. 卸下电源线

5. 卸下上图所示螺钉（4个）

6. 卸下电动机支架座

7. 取下下触动杆和触动杆弹簧

8. 卸下上图所示螺钉（4个）

9. 卸下上图所示螺钉（4个）

10. 卸下电动机连接线

11. 卸下上图所示螺钉（4个），将上触动杆拆下

12. 将本体拆分

8.4.4 现场操作 28——九阳 JYS-A800 绞肉机的检修

九阳 JYS-A800 绞肉机的故障现象及检修见表 8-3。

表 8-3 九阳 JYS-A800 绞肉机的故障现象及检修

故 障 现 象	故障原因分析	故障排除方法
机子不运转	插头没有插好	重新插好插头
	电机过热时温控器动作	待电机冷却后再工作
	透明盖没有盖好	盖好透明盖
刀片运转缓慢	食物放入过多	取出部分食物
	玻璃碗中有障碍物	取出障碍物

第**9**章

饮水机

9.1 普通温热型饮水机工作原理与检修

电热饮水机是利用电热元件将储水桶的水加热的，集开水、温开水于一体，它具有外形美观、使用方便等优点。

9.1.1 电热饮水机的分类

电热饮水机的分类如图 9-1 所示。

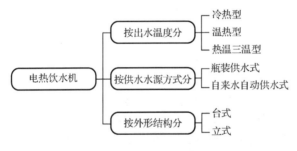

图 9-1 电热饮水机的分类

9.1.2 温热型饮水机的结构及核心部件

1. 整体外形结构

温热型饮水机主要由箱体、温水水龙头、热水水龙头、接水盘、加热装置、聪明座等组成。温热型饮水机整体外形结构如图 9-2 所示。

2. 加热装置的结构

加热装置主要由热罐、温控器、聪明座及水龙头等组成。

（1）热罐。

热罐外形结构如图 9-3 所示，热罐用不锈钢制成，内装功率为 $500\sim800W$ 的不锈钢电热管。在热罐的外壁装有自动复位和手动复位温控器。

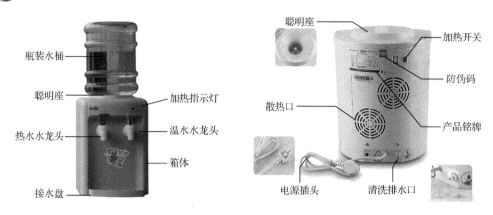

图 9-2　温热型饮水机整体外形结构

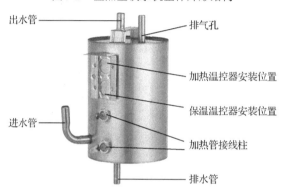

图 9-3　热罐外形结构

（2）温控器。

温热型饮水机的温控器一般都是双金属片温控器，其外形结构如图 9-4 所示。

图 9-4　双金属片温控器外形结构

（3）聪明座。

聪明座外形结构如图 9-5 所示。

图 9-5　聪明座外形结构

（4）水龙头。

水龙头外形结构如图 9-6 所示。

图9-6 水龙头外形结构

9.1.3 温热型饮水机工作原理

温热型饮水机工作原理如图9-7所示。

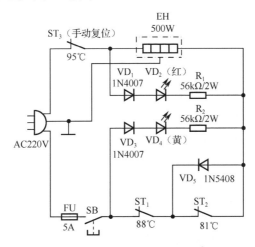

图9-7 温热型饮水机工作原理

插入水瓶,接通电源,闭合电源开关SB,此时电流的回路为:电源→FU→SB→ST_1→ST_2 → $\dfrac{EH}{R_1、VD_2、VD_1}$ →ST_3→电源,加热指示灯VD_2同时点亮,加热器EH通电加热。当热罐内的水温达到81℃时,温控器ST_2的触点断开,电流通过VD_5半波导通,加热器工作在半波加热状态。当水温达到88℃时,温控器ST_1的触点断开,电流通过VD_3、VD_4、R_2导通,加热器工作在保温加热状态;此时保温指示灯VD_4点亮。

当水温降到某一值时,温控器ST_1的触点重新闭合,EH又通电加热。自动温控器如此周而复始,使水温保持在88℃左右。

ST_3是超温保护温控器,动作温度为95℃。它可防止热罐内的水达到沸点。它一旦动作,可手动使其复位。

9.1.4 现场操作29——温热型饮水机常见故障的检修

饮水机的常见故障有通电无反应、加热时水温过高或过低、加热正常而指示灯不亮、聪明座溢水及水龙头出水不正常等。

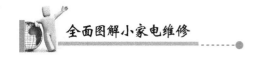

故障现象 1：通电后无反应

故障原因分析：通电后无反应，表明加热器并没有得电，可能原因有加热器断路、熔断器熔断、开关 SB 损坏、温控器及线路有问题等。

检修方法与步骤如下。

第一步：检查熔断器 FU 是否熔断。

若熔断器 FU 熔断，检查是否有短路现象发生，若没有，则更换熔断器；若有短路问题，排除短路故障后，更换熔断器。

第二步：检测加热器的好坏。加热器好坏的判断及更换：打开背板，用万用表测加热器的电阻值，正常值为 95Ω 左右。若加热器烧坏，需用同规格等功率的代换。

第三步：检查开关 SB、温控器 ST_1、ST_3 是否损坏.

若有损坏的，更换损坏的元器件。

故障现象 2：加热时水温过高或过低

故障原因分析：水温过高，在电网电压正常的情况下，水温过高不能进入保温状态，可能是温控器 ST_1 触点烧蚀黏死，当水温达到预定温度 88℃ 时触点不能动作，继续通电而导致的。水温过低，造成水温过低可能有如下几种原因：ST_1 性能变差、ST_2 断路、加热器老化严重或电源电压过低等。

检修方法与步骤如下。

第一步：检查 ST_2 是否断路。

温控器 ST_2 断路，会造成热水器一直处于半波供电状态。更换温控器。

第二步：更换温控器 ST_1、ST_3 或加热器。

故障现象 3：加热器正常而指示灯不亮

故障原因分析：加热正常而指示灯不亮，说明故障只在指示灯电路。可能是发光二极管损坏；限流电阻变值或断路；保护二极管损坏及它们之间的连接线断路等。

检修方法与步骤：更换相应的元器件及连接线。

故障现象 4：聪明座溢水及水龙头出水不正常

故障原因分析：聪明座溢水的主要原因是水箱口变形，可用新配件更换。出水水龙头不正常的主要原因有导水柱进入水箱的水路不正常；水箱至热罐的进水水路或热罐至水箱的排气气路等不正常；水龙头本身损坏等。

检修方法与步骤：更换相应的元器件或配件。

9.2 爱拓升电脑控制饮水机工作原理与维修

9.2.1 爱拓升 STR-30T-5 电脑控制饮水机工作原理

1. 单片机 S3F9454BZZ-DK84

单片机 S3F9454BZZ-DK84 引脚主要功能如表 9-1 所示。

表9-1 单片机 S3F9454BZZ-DK84 引脚主要功能

脚 号	主 要 功 能	脚 号	主 要 功 能
1	负极地	8	继电器驱动信号输出端
2	蜂鸣器驱动信号输出端	9	未用
3	水流开关控制信号输入端	10	保护信号输入端
4	键扫描脉冲输出端	11～18	显示屏控制信号输出端
5	显示屏控制信号输出端	19	温度检测信号输入端
6	指示灯控制信号输出端	20	电源正极
7	继电器驱动信号输出端		

2. 爱拓升 STR-30T-5 电脑控制饮水机工作原理

爱拓升 STR-30T-5 电脑控制饮水机工作原理如图9-8所示。

（1）电源工作原理。

市电220V进入饮水机后分成2路：一路通过继电器送至加热盘；另一路经熔断器FU送至降压变压器B的初级。变压器B次级输出也分成两路：一路送至检测电路；另一路送至整流桥VD$_4$～VD$_7$。整流后经复位开关J$_3$送至滤波电容EC$_1$、C$_3$滤波，得到12V直流电压。12V分成两路：一路供给继电器线圈；另一路送至稳压器IC7805，经其稳压、EC$_2$和C$_4$滤波得到5V直流电压，供给单片机及整机小信号处理电路。

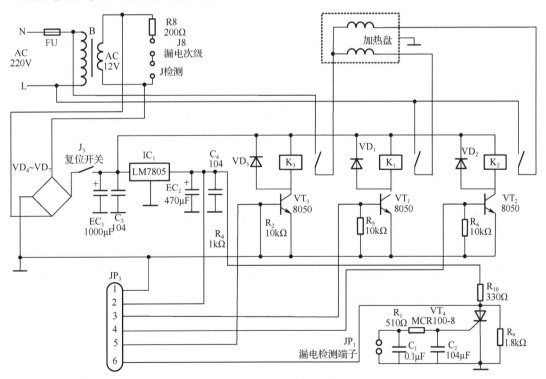

图9-8 爱拓升 STR-30T-5 电脑控制饮水机工作原理

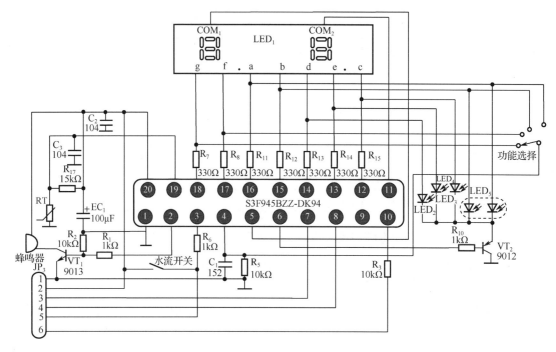

图 9-8　爱拓升 STR-30T-5 电脑控制饮水机工作原理（续）

（2）单片机的供电电路。

电源 5V 电压经插排 JP_3 的 2 脚，送至单片机的 20 脚。此后，单片机通过其内部的电路而产生复位与时钟振荡，从而启动电路工作。

（3）按键操作电路。

单片机的 4、15～18 脚外接功率选择开关，通过该开关可以选择热水器的加热功率。

（4）蜂鸣器报警电路。

当操作饮水机时，单片机的 2 脚输出蜂鸣器驱动信号，该信号通过 R_1 限流、VT_1 放大，驱动蜂鸣器报警，提醒用户电热水器已经检测到操作信号，并按此次控制而执行。

（5）加热电路。

加热电路由单片机、驱动三极管 VT_1～VT_3、继电器 K_1～K_3、加热盘、温度传感器、水流开关等组成。

当需要进水时，打开水流开关，由于水流开关接电源正极，因此，产生两个效果：其一，R_6 接至单片机的 3 脚，3 脚得到高电平，为水流正常控制提供信号；其二，R_4 接至 VT_3 的基极，VT_3 基极处于高电平而导通工作，继电器 K_3 线圈得电而触点吸合，接通加热盘的供电公共端子。同时，单片机的 7 脚输出高电平信号，经插排 JP_3 的 3 脚、R_7 送至 VT_1 的基极，VT_1 导通，继电器 K_1 线圈得电而触点吸合，接通加热盘的 2300W 端子而加热工作。与此同时单片机的 8 脚输出高电平信号，经插排 JP_3 的 4 脚、R_8 送至 VT_2 的基极，VT_2 导通，继电器 K_2 线圈得电而触点吸合，接通加热盘的 3200W 端子而加热工作。同时单片机控制指示灯点亮，表明机子处于加热工作状态。

加热在继续，水温在升高，当水温达到设置温度时，温度传感器的阻值减小到设置值，并加至单片机的 19 脚，单片机将该电压与内部的预置电压值进行比较，就识别出热水罐中的水温，控制 7、8 脚输出低电平控制信号，使驱动三极管 VT_1、VT_2 截止而使加热盘停止加热。同时保温指示灯点亮。

随着保温时间的延长，水温逐渐下降，当温度下降到一定值后，RT 的阻值增大，使单片机的 19 脚电位升高到设置值，被单片机识别后，控制热水器再次进入加热状态。此后，重复上述过程。

（6）漏电保护电路。

漏电保护电路由晶闸管 VT_4、单片机等组成。

当因某种原因使加热盘漏电时，市电输出电路中的电流互感器就会产生感应电压，经 R_1 限流、C_2 滤波后触发 VT_4 导通，使单片机的 10 脚电位变为低电平，单片机判断后就输出控制信号使继电器停止加热工作。

9.2.2 现场操作 30——爱拓升 STR-30T-5 电脑控制饮水机的检修

故障现象 1：整机无反应

故障原因分析：该故障的范围较大，采用逐步缩小故障范围的方法来排除故障。连指示灯都不点亮，则应重点应检查电源和单片机电路等。

检修方法与步骤如下。

第一步：检查熔断器 FU 是否熔断。

若熔断，则判断后级负载是否存在短路现象。可能短路的主要有整流桥 $VD_4 \sim VD_7$ 击穿、电容 EC_1 及 C_3 击穿、稳压器 IC_1 击穿、变压器 B 绕组、三极管等有短路等。

第二步：检测整流、滤波关键点电压。

检测 EC_1 两端的直流电压是否在 12V（空载应在 16V 左右），若电压不正常，则故障在整流、滤波电路或此前的电路。可能原因有变压器、整流桥、复位开关等有断路现象，或滤波电容有失容等现象。

第三步：检测稳压器输出电压。

稳压器 3 端对地应有 5V 直流电压，否则为稳压器可能损坏或后级负载过大等。

第四步：检测单片机的 20 脚电压。

该脚电压正常值应为 5V，否则有可能是插排 JP_3 有接触不良或部分线路有断路现象，或单片机本身损坏。

故障现象 2：指示灯正常点亮，但不加热

故障原因分析：由于指示灯能够正常点亮，说明电源和单片机工作条件是基本正常的，不加热的主要原因有水位异常，水流开关、继电器、驱动三极管、加热盘、单片机本身等有问题。

检修方法与步骤如下。

第一步：检查水位和水流开关。

检查水位是否正常，若不正常，添加水。若水流开关损坏，更换之。

第二步：检测继电器线圈的电压。

几个继电器同时损坏的可能性较小，因此主要检测其公共电路，即公共 12V 供电电压为重点。

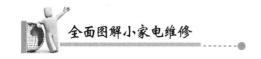

第三步：检查加热盘。

两个加热盘同时损坏的可能性较小，因此，主要检查继电器 K_3 的触点及其工作是否正常。

第四步：检测单片机的按键输入（指示灯不切换时）信号是否正常。

一般是按键本身损坏率较高，若损坏或接触不良，更换之。

第五步：检查单片机的驱动输出电平。

检测单片机的 7、8、10 脚输出电平是否正常，若不正常，再脱焊下后级负载，还是不正常，则为单片机损坏；检查插排 JP_3 是否有接触不良现象等。

故障现象 3：加热温度有些低

故障原因分析：可能只有一个加热盘在工作。

检修方法与步骤如下。

第一步：检查两个加热盘是否正常。

检测两个加热盘阻值是否正常。若其中一个已经断路，则更换加热盘。

第二步：检测哪一个加热盘不能工作。

检查单片机、继电器、驱动管等是否具备工作条件或是否有损坏现象等，更换损坏元件。

故障现象 4：只是蜂鸣器不报警

故障原因分析：故障范围只在蜂鸣器电路。

检修方法与步骤如下。

第一步：判断蜂鸣器是否正常。同时，检查蜂鸣器的供电电压是否正常。

用电阻法判断蜂鸣器是否损坏，若损坏，更换之。

第二步：检测单片机的输出信号是否正常。

检测单片机的 2 脚输出脉冲是否正常，若没有输出，则是单片机损坏，否则应检查驱动三极管 VT_1 是否有问题。

9.3　冷热型饮水机工作原理与检修

9.3.1　冷热型饮水机核心部件

半导体制冷又称电子制冷或温差电制冷，是利用特种半导体材料构成的 P-N 结，形成热电偶对，产生"珀尔帖效应"，即通过直流电制冷的一种新型制冷方法。

"帕尔帖效应"的物理原理为：电荷载体在导体中运动形成电流，由于电荷载体在不同的材料中处于不同的能级，当它从高能级向低能级运动时，就会释放出多余的热量。反之，就需要从外界吸收热量（即表现为制冷）。

PN 制冷器外形结构如图 9-9 所示。

PN 制冷器的检测方法：将 PN 制冷器导线焊下后，再将万用表调整至 "R×1Ω" 挡，然后用万用表的两只表笔分别检测 PN 制冷器的两端导线，并记录此时所测得的电阻值，再调换表笔进行检测，同样记录下所测得的电阻值。如果 PN 制冷器正常，则检测时两次检测所测得的电阻值都应在 2～3Ω；如果检测时万用表指针指向零或指向无穷大，均表示 PN 制冷器已经损坏。

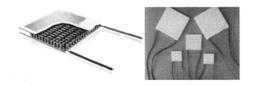

图 9-9　PN 制冷器外形结构

9.3.2　司迈特冷热型饮水机工作原理

司迈特冷热型饮水机工作原理如图 9-10 所示。

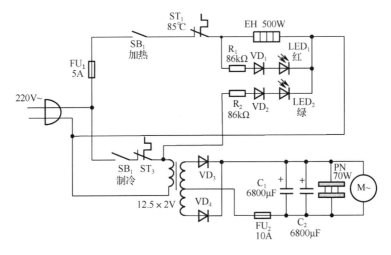

图 9-10　司迈特冷热型饮水机工作原理

1. 加热工作原理

按下加热按键 SB_1，220V→熔断器 FU_1→SB_1→温控器 ST_1→加热盘 EH→220V，加热盘得电而加热工作；与此同时，与加热盘并联的指示灯点亮（红色），表明饮水机处于加热状态。

当水温达到 85℃ 左右时，温控器 ST_1 断开，加热盘失电而停止加热工作。随后，水温下降，当下降到偏离 85℃ 许多时，温控器 ST_1 再次闭合，加热盘又开始加热工作。

一旦发生意外，水温超过 110℃ 时，过热保护温控器 ST_2 就会自动断开，切断电源，使加热盘停止工作，达到保护热水器的目的。

2. 制冷工作原理

按下制冷按键 SB_2，电源电压经温控器 ST_3 送至降压变压器初级，初级得到双电压，经 VD_3、VD_4 全波整流，C_1、C_2 滤波，得到 12V 左右的直流电压，直接送至电动机 M 和 PN 制冷器开始制冷工作。

9.3.3　现场操作 31——司迈特冷热型饮水机的检修

故障现象 1：一按下加热按键 SB_1，就烧毁断熔器 FU_1

故障原因分析：该故障说明加热电路存在短路性故障，主要原因可能为加热盘短路或加

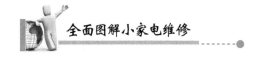

热电路的连接线有短路。

检修方法与步骤如下。

第一步：检测加热盘的阻值，看是否有短路现象（正常值为97Ω左右）。

第二步：检查加热电路的连接线有无短路。

故障现象2：LED₁指示灯点亮，但水不能加热

故障原因分析：说明电源供电正常，指示灯LED₁电路也正常，故障一定在加热盘这部分电路。

检修方法与步骤如下。

第一步：检测加热盘是否断路（正常值为97Ω左右）。加热盘断路的可更换之。

第二步：检查加热电路的连接线有无断路。

故障现象3：热水温度过高，排气口有蒸汽排出

故障原因分析：这种故障现象有两种可能，一是温控器ST_1损坏（触点粘连）；二是性能变差（温度特性变差）。

检修方法与步骤如下。

第一步：检测温控器是否短路，若短路，更换之。

第二步：直接更换温控器。

故障现象4：LED₂指示灯不点亮，也不制冷

故障原因分析：指示灯电路与制冷电路同时损坏的可能性较小，因此，在加热正常（说明ST_2正常）的情况下出现该故障，主要问题可能在按键SB_2（断路）、ST_3（断路）或部分电路有断路现象等。

检修方法与步骤如下。

第一步：用短路线直接短路 SB_2、ST_3（感温探头），若制冷正常，则检查这两个元件。更换损坏的元件。

第二步：检查这部分电路的连接线。

故障现象5：LED₂指示灯点亮，但不制冷

故障原因分析：变压器初级至后级这部分电路有断路现象。

检修方法与步骤如下。

第一步：查看熔断器FU_2是否烧毁，若烧毁，则要排除后级是否有短路问题，再更换熔断器。短路元件可能有整流二极管VD_3、VD_4，电容C_1、C_2，PN制冷器、电动机M等。

第二步：检查变压器初级、次级电压是否正常。正常值初级220V交流，次级双12.5V交流。否则是变压器有故障，更换变压器。

第三步：检测直流电压12V是否正常，若不正常，则是整流二极管、滤波电容有问题；若正常，则是PN制冷器（正反向电阻值在3Ω左右）有问题。

故障现象6：制冷成为制热

故障原因分析：这种主要原因有更换PN制冷器时接线接反了；电动机M不运转。

检修方法与步骤如下。

第一步：检查 PN 制冷器是否接线错误。

新更换的 PN 制冷器接线错误，会造成工作在制热状态，改接接线，故障就会排除。

第二步：检查电动机 M。

电动机 M 不运转，就不能将 PN 制冷器的热量排出机外，其热量经制冷轴传入冷罐，使冷水变为温水或热水。检查电动机是否有供电电压或损坏。

故障现象 7：冷水有结冰现象或不出水

故障原因分析：主要是制冷过度所致。

检修方法与步骤如下。

第一步：检查 ST_3 感温头是否有脱落现象。

感温头应该插入深度在 150mm 左右，如已经脱落，重新插入到位。

第二步：检查温控器 ST_1 触点是否黏接。

温控器若黏接或接触不良，更换之。

第 10 章

微波炉

10.1 微波炉的分类、命名与常用英文标志

1. 微波炉的分类

微波炉的分类如图 10-1 所示。

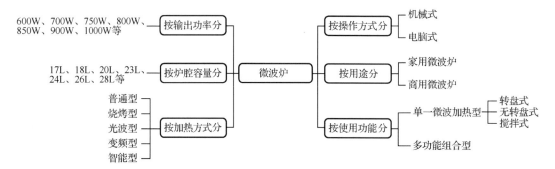

图 10-1 微波炉的分类

2. 微波炉的命名

微波炉的一般命名方法如图 10-2 所示。

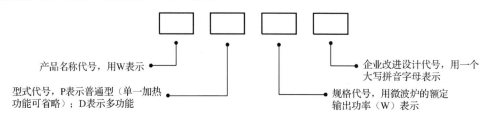

图 10-2 微波炉的一般命名方法

3. 常用英文标志

☞ MICROWAVE OVEN：微波炉

☞ OPEN：开门

☞ MIN：分钟

☞ CLOCK：时钟

☞ COOKING CONTROL：功率调节器

☞ DEFROST 或 MED-LOW：解冻挡

☞ MED-HIGH：中高功率挡

☞ POWER LEVEL：功率选择键

☞ AUTO START：自动启动键

☞ PAUSE：暂停键

☞ TIME COOK：加热时间键

☞ TEMP：温度选择键

☞ CANCEL：取消键

☞ MEMORY ENTRY：存储输入键

☞ START 或 COOK：开关

☞ RICE：米饭

☞ CAKE：蛋糕

☞ TIMER：定时器

☞ LOW 或 SIMMER：低功率挡

☞ MEDU：中功率挡

☞ MAIN SWITCH：总电源开关

☞ CONGEE：白粥

10.2 普及型微波炉结构及核心部件

10.2.1 普及型微波炉结构

1. 微波简介

微波是一种电磁波，其频率非常高，波长为 1m～1mm，频率为 300MHz～300GHz。雷达、通信都是由微波传输的。微波与可见光具有很多类似的性质，其特性为直线传播，可能穿透某些物质或被某些物质反射，也可能被某些物质吸收。如微波在聚四氟乙烯中穿透距离超过 90m，而金属则会反射微波，微波在水中穿透深度超过 1.42mm 就会被吸收等。

2. 微波加热原理

微波炉选用的微波频率为 2450MHz（此频段微波的热效率最高），国内家用微波炉全部使用此频率。水分子等极性分子在这样的微波场中每秒将摆动 24.5 亿次，水分子相互之间由于摩擦作用而产生大量的热量，于是食物就被"煮"熟了，这就是微波炉的加热原理。

3. 普及型微波炉结构

普及型微波炉结构如图 10-3 所示。

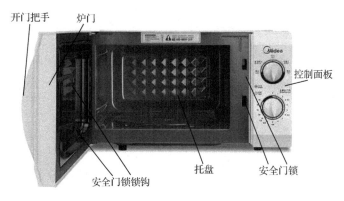

图 10-3 普及型微波炉结构

4. 美的微波炉的命名方法

美的微波炉的命名方法如图 10-4 所示。

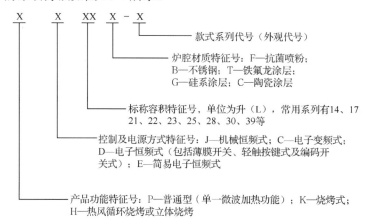

列如，KD23B–C，表示电脑烧烤，23L不锈钢炉腔，C型微波炉。

图 10-4 美的微波炉的命名方法

5. 三洋微波炉的命名方法

三洋微波炉的命名方法如图 10-5 所示。

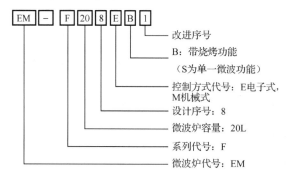

图 10-5 三洋微波炉的命名方法

10.2.2 普及型微波炉核心部件

1. 美的普及型微波炉的基本结构

美的普及型微波炉基本结构如图 10-6 所示。

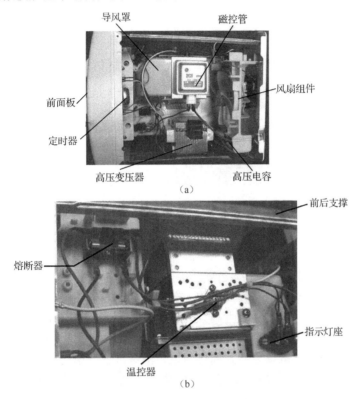

图 10-6 美的普及型微波炉基本结构

2. 磁控管

磁控管又称微波发生器，它是微波炉的心脏部件，其外形结构如图 10-7 所示。磁控管有脉冲波磁控管和连续波磁控管两种，家用微波炉一般采用连续波磁控管。磁控管是一种利用高电压和强磁场将电能转化成微波能的器件。

图 10-7 磁控管的外形结构

磁控管主要由灯丝、阴极、阳极、天线及磁铁等组成。灯丝的主要作用是发热；阴极的主要作用是受热后发射（产生）电子；阳极的主要作用是接收阴极发出的电子；天线又称为微波能量输出器，主要作用是对外发射微波；磁铁的主要作用是提供一个与阴极轴平行的均匀强磁场。

电子在运动过程中，受负高压的加速和洛伦兹力的作用，绕着圆周轨迹飞向阳极。在到达阳极之前，电子通过许多谐振腔产生振荡而输出微波，经天线进入波导管，由其引入炉腔。磁控管内部结构如图 10-8 所示。

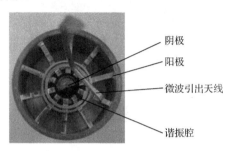

图 10-8　磁控管内部结构

磁控微波管是一种电子管，常称磁控管。从外表看，它有微波发射器（波导管）、散热器、灯丝、两个插脚和磁铁等。磁控管里有一个圆筒形的阴极，直热式的磁控灯丝就是阴极。为安全和使用方便，阳极接地。阳极接地作参考点，即零电位（0V），相对于阴极就是加上几千伏负高压。阴极外面包围着一个高导电率的无氧铜制成的阳极。阳极用来接收阴极发射的电子。阳极上有几个谐振腔，它们是产生高频振荡的选频谐振回路。在微波炉工作时，磁控管灯丝通电发热而烘烤阴极，阴极受热后产生电子发射，在电场力作用下向阳极运动。热电子从阴极溢出后，在磁场力和电场力的共同作用下，沿螺旋状高速飞向阳极，再加上谐振腔的作用，电子振荡成微波，并经过天线耦合，由波导管传输到微波炉腔里加热食物。

谐振频率主要由空腔的尺寸决定。

3. 波导管、微波搅拌机

波导的传输过程如图 10-9 所示。

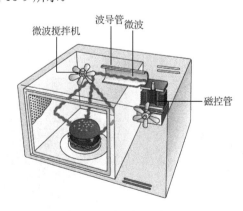

图 10-9　波导的传输过程

波导管的作用是传输微波，采用导电性能良好的金属做成矩形空心管。它一端接磁控管的微波输出口，另一端接入炉腔。波导管的外形结构如图 10-10 所示。

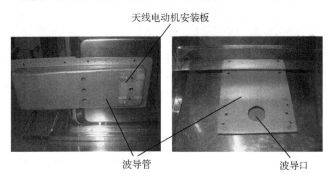

图 10-10　波导管的外形结构

微波搅拌机由天线电动机、天线、天线轴承等组成。

微波搅拌机又叫风叶，其作用是使炉腔内的微波场均匀分布。它一般安装在炉腔顶部的波导管输出口处，由小电动机带动风叶低速旋转。

微波经过波导管传输到炉腔内的波导口，经过天线的耦合作用发射到炉腔内，通过天线的旋转来提高微波在炉腔的均匀程度，天线电动机是用来带动天线旋转的电动机。

微波搅拌机构如图 10-11 所示。

图 10-11　微波搅拌机构

4. 炉腔体、炉门及外壳

炉腔体是一个微波谐振腔，是把微波能变为热能对食物进行加热的空间。在炉腔底部装了一只由微型电动机带动的玻璃转盘，把被加热食品放在转盘上与转盘一起旋转，使其与炉内的高频电磁场做相对运动，以达到使炉内食品均匀加热的目的。

炉门是取放食品和进行观察的部件，炉门主要结构如图 10-12 所示；外壳主要起电磁波的屏蔽和装饰作用。炉门由金属框架和观察窗组成，要求从门外可以观察到炉内食品加热的情况，又不能让微波泄漏出来。观察窗的玻璃夹层中有一层金属微孔网，透过它可以看到食品，又可防止微波泄漏。由于金属网孔大小是经过精密计算的，所以完全可以阻挡微波的穿透。

5. 旋转工作台

旋转工作台即转盘，它安装在炉腔底部，由一只微型电动机驱动，以 5～8r/min 的转速旋转，使放在转盘上的食物各部位均匀地吸热。旋转工作台外形结构如图 10-13 所示。

图 10-12　炉门主要结构

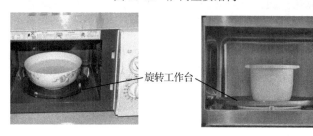

图 10-13　旋转工作台外形结构

6. 高压电容器、高压二极管

高压电容器的作用是倍压整流，其耐压值在 3000V 以上，容量有多种规格。高压电容器外形结构如图 10-14 所示。

图 10-14　高压电容器外形结构

高压二极管的实物如图 10-15 所示，其作用是与电容器一起组成半波倍压整流电路，经变压器输出的高压交流电整流为高压直流电，为磁控管提供直流高压。

图 10-15　高压二极管的实物图

7. 风扇电动机

微波炉中的风扇主要是用来给电路系统散热的，风扇电动机实物如图 10-16 所示。

图 10-16　风扇电动机

8. 控制系统

控制系统由电源、定时器、功率控制器、风扇电动机、转盘电动机、过热保护器及与炉门相连的联锁开关等构成。

（1）电源。

电源是微波炉的整机能源供给，主要由变压器和倍压整流器组成。电源变压器一般有三个绕组，初级绕组 220V，灯丝 3.3V，高压绕组在 2kV 以上。电源变压器外形结构如图 10-17 所示。

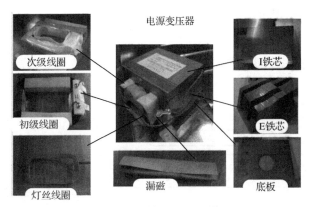

图 10-17　电源变压器外形结构

（2）定时器。

定时器有机械式和电子显示式两种。使用者设定时间后，定时器触点闭合，但只有当联锁开关闭合（即炉门关闭）后，计时才开始。定时时间一到，定时器自动切断供电电源，并报警（振铃）提示。定时器外形结构如图 10-18 所示。

图 10-18　定时器外形结构

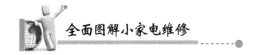

（3）功率控制器。

功率控制器用来调节磁控管"工作""停止"时间的比例，即调节磁控管的平均工作时间，从而达到调节微波平均输出功率的目的。机械控制式微波炉常采用3～6个刻度挡位，电脑控制式一般有10个调整挡位。功率控制器外形结构如图10-19所示。

在强挡时，微波是连续输出的；其他挡时，微波是间断输出的。功率控制器一般也由定时器来驱动。

图 10-19　功率控制器外形结构

10.3　普及型微波炉工作原理及检修

10.3.1　普通机械式微波炉控制电路的方框图

普通机械式微波炉控制电路的方框图如图10-20所示。

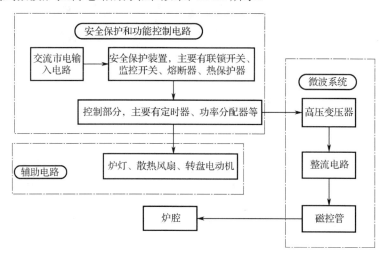

图 10-20　普通机械式微波炉控制电路的方框图

从方框图中可以看出，电路由三部分组成：安全保护和功能控制电路、辅助电路、微波系统。

格兰仕 WP800 普通机械式微波炉电路原理如图10-21所示。

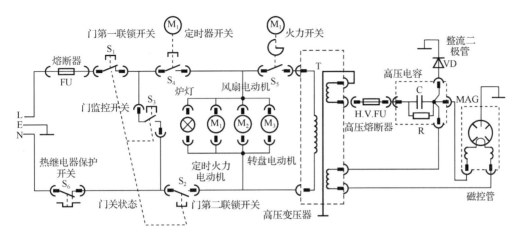

图 10-21 格兰仕 WP800 微波炉电路原理图

工作原理：当使用微波炉时，一般是先调节好功率（火力开关 S_5），然后打开炉门，放好食物再关上炉门。在炉门打开时，微波炉处于图中的停止状态；在合上炉门时，与炉门联动的监控开关 S_3 由闭合转为断开，随即主、副联锁开关 S_1、S_2 由断开转为闭合。此时给定时器设定工作时间，其开关 S_4 就被接通，辅助电器（定时器电动机 M_1、转盘电动机 M_3、风扇电动机 M_2 等）及炉灯得电工作。与此同时火力控制开关 S_5 也处于间歇导通状态，其通断时间比例由设置的功率值大小而定，全功率输出时为全通态，市电电源加至高压变压器上，磁控管工作。

微波系统：微波系统就是磁控管电路，它是微波炉的主要电路。控制电路将 220V 交流电压加至高压变压器的初级绕组上，在次级低压绕组上感应出 3～3.5V 的交流电压，作为磁控管的灯丝（阴极）电压，使磁控管的元件被加热并发射电子。高压绕组输出 2000V 左右的交流电压，经由高压二极管和高压电容组成的半波倍压整流电路，输出约 4000V 的直流高压，加至磁控管的两端，使磁控管开始工作，将频率为 2450MHz 左右的微波能发射到炉腔加热食物。有的微波炉在高压电容两端并联一只逆向串联的双向保护二极管，以防止电路中出现脉冲高压损害磁控管。

微波炉的重要安全保护装置由主联锁开关 S_1、副联锁开关 S_2 和门监控开关 S_3 等组成，其作用就是为了在炉门被打开时，切断微波炉电源，防止发生微波泄漏。功能控制电路则由定时器、功率分配器组成，其作用是设定加热时间和控制功率（火力）大小。

10.3.2 维修微波炉时的安全注意事项与非故障现象判断

微波炉是一种较为特殊的小家电，工作时机内不仅存在高电压、大电流，还有微波辐射，如果维修方法不当，不但会多走弯路，维修人员也可能遭到高压电击和微波辐射，危及人身安全，甚至还可能由于长期的过量微波辐射而对用户的身体造成损害。因此，维修微波炉的前提条件是必须充分了解其基本原理，掌握防微波过量泄漏和高压电击的相关知识。维修微波炉时的安全注意事项见表 10-1，微波炉非故障现象判断见表 10-2。

表 10-1　维修微波炉时的安全注意事项

编　号	注　意　事　项
1	在拆机维修前，必须先对与安全相关的部位和零部件进行检查，主要是看炉门能否紧闭，门隙是否过大；观察窗是否破裂，炉腔及外壳上的焊点有否脱焊，炉门密封垫是否缺损或凹凸不平等。这主要是检查是否存在微波过量泄漏的可能。若发现有问题，应先行修复
2	如果需要检查机内电路，通常应在断电后再拆卸微波炉。拆机后，应先将高压电容两端短路放电，以免维修时不慎遭受电击
3	除测量市电供电电压等检查外，在没有十分把握的情况下，应尽量不要开机带电检查。如果确实需要通电检查，必须先断开高压电路，不让磁控管工作，然后再开机检查，以确保人身安全。至于磁控管及其供电电路的检查，除非具有必要的专业维修设备知识和经验，否则应采用断电检查方式，以确保安全。实践表明，只要掌握相关技巧要领，断电检查并不比通电检查差多少，判断有些故障的速度甚至快于通电检查
4	维修中需要对零部件进行拆卸检查或更换时，拆件时要逐个记住所拆零部件原来的位置，特别是安全机构和高压电路的零部件更要重视，拆卸后要放置好，以防止丢失，造成不必要的麻烦；重装时要逐个准确复位装好，并拧紧每个紧固螺钉和其他紧固件，不要装错或遗漏安装垫圈等易忽视的小零件。若需更换零部件，注意尽量选用原型号配件
5	维修完毕，全部安装好所有零部件后，应再一次检查炉门是否能灵活开关，同时注意查看门隙、门垫及观察窗等是否有异常状况，还有各调节钮和开关等零部件是否正常，直到确认没有问题后才可开始使用

表 10-2　微波炉非故障现象判断

现　象	故　障　分　析
1．跳闸	微波炉整机的功耗大，整个启动过程要比一般家电时间长，所以启动时的耗电为微波炉输入功率的5～6倍。微波炉的启动电流高时可达7A，工作电流在5A左右。而有的家庭配备的保护闸容量有限或敏感度过高，常因微波炉启动时的电流冲击而跳闸，因此最好配备10A以上的保护闸。另外，在使用微波炉加热食品时，最好不要同时打开电饭锅之类的大功率用电器具
2．感觉声音大	微波炉工作时的声音主要来自风扇，而风扇转速的高低和声音的大小成正比。微波炉一般采用高转速风扇电动机，以提高对主机的冷却效果，延长磁控管及主机的使用寿命。由此可见，工作时只要声音平稳，没有杂音就是正常的
3．机械式程控器微波炉工作时有间断的响声	微波炉的火力调整是通过继电器的间断工作来控制的，使磁控管有规则地间断工作，从而达到减小火力的目的。高火则是连续地产生高压，所以微波炉在高火以上的火力位置工作时，会出现有规律的声响，这也是一种正常现象
4．工作时有漏风、漏光的现象	根据微波具有的直线性和遇金属的折返性及在均匀缝隙和均匀网孔的屏蔽特点，在微波炉生产过程中，门和腔体的结合缝隙并不是控制得越小越好，而只要间隙在规定范围内，门四周的缝隙越均匀越好。这能使微波在腔体内得到绝对的屏蔽。鉴于以上因素，由于冷却风扇的风压，有少量的风和光从结构缝中漏出是完全正常的

10.3.3　普及型微波炉关键元器件测量与好坏的判断

1．变压器

当怀疑变压器故障时，先不要拆除，依次进行如下确认。

第一步：确认是否有噪声，若是，则直接更换变压器。

第二步：观察变压器外观有无烧焦，若有，则直接更换变压器。变压器烧焦故障如图 10-22 所示。

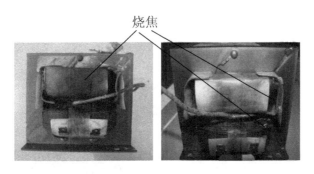

烧焦

图 10-22 变压器烧焦故障

第三步：观察变压器各端子连接处有无打火迹象，若是，则将端子钳紧，再开机检测故障是否排除。钳紧端子示意图如图 10-23 所示。

拔直插端子的正确方式

拔直插端子的错误方式

注意：1. 端子打火会导致接触不良而不导通，将端子钳紧则可解决此问题；
      2. 拔端子时使用正确手法，勿将端子拔断或拔变形。

图 10-23 钳紧端子示意图

第四步：测量初级、次级电阻。变压器正常数据如下，可做测量判断参考（各型号差异性很大）：初级绕组电压 220V，电阻值 2.2kΩ 左右；次级绕组灯丝电压 3.3V 左右，电阻很小，在 1Ω 以下；次级绕组高压电压 2100V 左右，线圈电阻值 130Ω 左右。变压器绕组结构如图 10-24 所示。

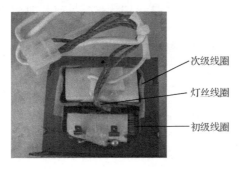

次级线圈

灯丝线圈

初级线圈

图 10-24 变压器绕组结构

2. 磁控管

用万用表测量磁控管穿芯电容两个端子之间电阻，显示数值在 1Ω 左右时表示磁控管灯丝没有损坏，当数值远远大于 1 或数值跳动较大时，则表明灯丝可能断丝了，如图 10-25（a）

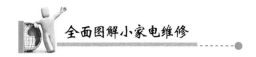
所示。

　　用万用表测量磁控管穿心电容端子与磁控管外壳之间电阻，数字表显示数值在 1（无穷大）时，表示磁控管灯丝对外壳之间没有击穿（也有可能击穿，用兆欧表测试准确度更高），如图 10-25（b）所示。

　　用万用表测量磁控管穿心电容端子与磁控管外壳之间电阻，数字表显示数值在 ".00"（数值非常小）时表示磁控管灯丝与外壳之间已经击穿，磁控管肯定损坏，如图 10-25（c）所示。

（a）测量穿心电容两个端子之间的电阻

（b）测量穿心电容端子与磁控管外壳之间的电阻（无穷大）

（c）测量穿心电容端子与磁控管外壳之间的电阻（非常小）

图 10-25　磁控管的测量

　　磁控管灯丝漏电的修复方法如下。

　　（1）万用表的一表笔接灯丝的一个引脚，另一表笔接磁控管的外壳，若有阻值说明是漏电的，如图 10-26 所示。在灯丝没有断路（两个灯丝间应该有阻值）的情况下，一般是可以修复的。

图 10-26　灯丝漏电

　　（2）用一字螺丝刀轻轻撬开磁控管的后盖，如图 10-27 所示。

（a）撬开前　　　　　　　　（b）一边撬开后　　　　　　　（c）内部结构

图 10-27　撬开磁控管的后盖

（3）用斜口钳剪断线圈与插座处的连接，如图 10-28 所示。

（a）剪断的位置　　　　　　　　（b）剪断后

图 10-28　用斜口钳剪断线圈与插座处的连接

（4）检测插座是否有漏电现象，如图 10-29 所示。万用表的一表笔接外壳，另一表笔分别接插座的引出线，若有阻值说明是漏电的，更换插座就可以修复。否则，就是灯丝与外壳有漏电现象，这种情况是不可以修复的。

图 10-29　检测插座是否有漏电现象

（5）更换插座。

更换插座的方法与步骤如图 10-30 所示。

用合适的钻头把 4 个固定孔扩充一下，就很容易取下插座，如图 10-30（a）所示。取下漏电的插座，如图 10-30（b）、10-30（c）所示。用锉刀或小刀处理掉线圈上的漆皮，为下一步的焊接做好准备。更换好的插座，并用 4 个螺钉紧固插座，如图 10-30（d）所示。把线圈 2 个接头分别穿入插座的 2 个孔中，如图 10-30（e）所示，再用钳子夹紧接头，如图 10-30（f）

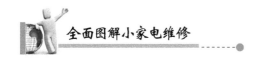

所示。用电烙铁焊接 2 个接头，一定要焊接牢靠，如图 10-30（g）、（h）所示。再次测量插座是否有漏电现象，如图 10-30（j）所示。若一切正常，最后重新安装好后盖，如图 10-30（k）所示。

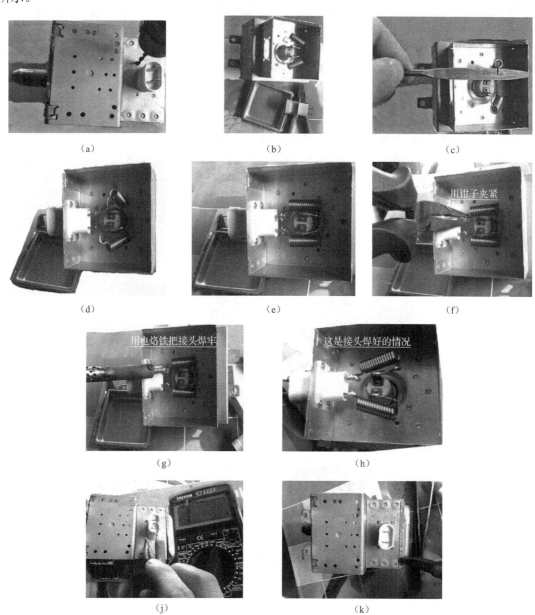

图 10-30　更换插座

3. 高压电容器和高压二极管

高压电容器和高压二极管在微波炉中的安装位置如图 10-31 所示。

高压电容器若有爆裂、鼓包、漏液等现象时，就直接更换掉。要判断高压电容器容量是否减小，最好采用带有电容测试功能的数字万用表或电容表测量。也可以采用代换法进行维修。

高压二极管质量好坏的判断方法与一般二极管相同。

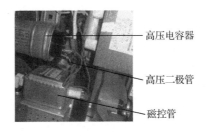

高压电容器

高压二极管

磁控管

图 10-31　高压电容、二极管的安装位置

10.3.4　现场操作 32——普及型微波炉的常见故障及检修

微波炉的常见故障有熔断器熔断；通电后不工作；炉灯亮，但不加热；炉灯亮，但转盘不转；漏电、微波泄漏；加热缓慢（火力不足）；间歇工作；有明火出现；火力不可调节等。

故障现象 1：启动后整机不工作，即炉灯不亮、转盘不转、不加热

故障原因分析：这种现象往往是由多种原因造成的。

检修方法与步骤如下。

第一步：检查 FU 熔断器是否熔断。

若熔断器已熔断，在更换之前要判断一下是否因后级有短路现象存在而熔断。引起短路的可能有门监控开关 S_3（断不开）、变压器 T、3 个电动机及连接线等。

第二步：检查高压熔断器是否熔断。

若高压熔断器已熔断，在更换之前要判断一下是否因后级有短路现象存在而熔断。引起短路可能有电容对地击穿或极间击穿，以及高压整流二极管有短路现象等。

第三步：用电阻法或电压法测量关键点。

若熔断器没有熔断，用电阻法或电压法检查 S_1（用手按压）、S_2（用手按压）、S_4（要设定定时器）、S_5 是否有断路现象。接插件是否有接触不良现象等。

插上电源插头，关闭炉门，功率分配器置于高火挡位、设定定时器，然后将万用表置于 $R\times1\Omega$ 挡，两支表笔接触电源的两插头 L 和 N 端，正常时阻值应为几欧姆，即接近于高压变压器初级绕组的阻值；如果为无穷大，则表明电路之间有断路性故障发生。

在维修中较为多见的是联锁开关及开关触动杆（即炉门上的两个钩状塑杆，也称门钩）、塑料支架上的开关触片损坏或接触不良。检查这些零部件时，只要拆下微波炉上盖，就能清楚地看到它们相互间的动作关系，可一边开、关炉门，一边观察它们的动作，若动作都正常，再检查各开关本身是否正常。

故障现象 2：启动灯亮、转盘能转，但不加热

故障原因分析：炉灯亮、转盘转动说明安全保护和功能控制电路是正常的，表明高压变压器之前的电路工作基本正常，不加热的原因是微波系统没有工作。微波系统正常工作的首要条件是 220V 交流电压必须加到高压变压器的初级绕组上。

检修方法与步骤如下。

第一步：检测高压变压器初级电压。

拔下高压变压器初级绕组两端插接件，再开机测其插接线有无 220V 电压，有则故障部位

在高压变压器及微波系统，原因可能为高压变压器绕组或接插件断路、高压整流元器件失效或断路、磁控管灯丝或供电线路断路或本身老化失效等；如测其插接线上无220V电压，则需检查测量功率选择开关 S_5 是否正常。

第二步：测量变压器绕组电压。

初级220V电压正常，而次级各绕组没有电压，则为变压器初级断路。

将万用表置2500V交流挡，一支表笔接变压器铁芯，另一支表笔接次级高压插片，次级高压应是在2100V左右，若无电压则变压器已坏。若有2100V，再检查变压器灯丝电压，用万用表交流挡测量灯丝电压应是3.4V左右。若无电压，则变压器已坏，应调换同型号的变压器。

第三步：检查磁控管。

磁控管灯丝断路或磁钢开裂。用万用表 R×1Ω挡测量磁控管灯丝插片，若断路则磁控管已坏，若电阻值很小是正常的，再检查磁控管磁钢是否开裂。

第四步：检查高压二极管、高压电容等。

第五步：检查接头插线是否松动。

检查磁控管、电容器上接插头是否松动，若松动用钳子夹紧。

故障现象3：火力不足加热慢

故障原因分析：造成这种故障的主要原因是市电电压过低、火力选择开关触点或插头不良、磁控管灯丝或阳极供电电压过低或磁控管衰老等。

检修方法与步骤如下。

第一步：检查磁控管灯丝或阳极的供电电压。

先检查磁控管灯丝或阳极的供电电压（断电时检查其供电回路和连接端头），重点注意磁控管灯丝引脚连接端头的接触情况，特别是使用较久的微波炉更易发生接触不良的故障。

拆开这种微波炉的机壳，往往可发现磁控管等元器件及机壳内不少地方都积有较多的油垢及尘土，查看磁控管灯丝引脚及其接插片，往往可发现引脚受蚀和油绿色污垢层，如果接插件与灯丝引脚的连接较松，接触电阻就会明显增大，使灯丝电压过低，这样微波炉输出功率就明显减小了。维修这种故障时，只要将灯丝引脚去垢，再用酒精棉球擦净，然后用尖嘴钳将引脚接插片夹扁一些，使其插入后与灯丝引脚接触良好就行了。

第二步：检查磁控管。

若供电方面没问题，基本就是磁控管衰老了。对此可调换磁控管试机，也可用测量磁控管灯丝电阻是否正常及查看磁钢是否裂开等方法进行确认。对于因磁控管衰老而造成的加热不足故障，通常只有更换好管才是较完美的解决方法。

第三步：检查高压电容容量。

如果高压电容容量明显减小，会使磁控管阳极电压及输出功率明显下降，也会引起加热不足。

故障现象4：门打不开

故障原因分析：机械性故障较多。

检修方法与步骤：检查门钩是否断裂，如是，则更换新门钩。微波炉长期使用，由于磨损和锈蚀，使门轴与轴孔配合间隙增大，门向一侧倾斜。则调整门铰链，使门重新拨正位置。

故障现象 5：间歇工作

故障原因分析：造成这种故障的主要原因是磁控管过热保护器不良或冷却方式停止转动。

检修方法与步骤：先观测冷却方式是否正常旋转，如果不旋转或转速慢，则应检查运转是否受阻，扇叶与电动机轴之间是否松动，电动机接插线是否松动，电动机是否卡轴或线包断路；如运转正常，可采取代换法代换过热保护器一试。如果是过热保护器有问题，可更换之；如果代换后故障仍没有排除，则可能是磁控管不良，可代换磁控管。

10.3.5 常用磁控管的主要技术参数及代换

常用磁控管的主要技术参数及代换见表 10-3。

表 10-3 常用磁控管的主要技术参数及代换

型 号	灯丝电压/V	阳极电压/kV	输出功率/W	生产厂家	可直接代换的型号
CK-623	3.3	4.1	900	中国 778 厂	2M210、2M214、2M204、0M758（31）、AM703、A570FOH、2M157、2M107A
CK-623A	3.3	4.0	850		2M167、2M172AJ、2M204M3、A6700H、AM701、OM75S（11）、2M214
146B-Ⅰ	3.3	4.0	850		AM708、A6701、2M172AH、2M189AM4、2M214、OM75S（20）
146B-Ⅱ	3.3	4.0	850		AM702、A6700、2M167A、2M172AJ、2M214、OM75S（10）
144	3.5	3.8	550		AM698、AM700、2M209A、2M211B、2M213JB、2M216JA、2M217J、2M236、OM52S（10）、OM52S（11）
144A	3.5	3.8	550		AM697、AM699、2M213HB、2M216HA、2M217H、2M234、OM52S（21）
CK-626	3.15	4.0	800	国光电子管厂	—
CK-605	3.15	4.0	800	汗光电工厂	—
CK-620	3.5	4.0	800	上海灯泡厂	—
CK-2913	3.5	3.8	550	虹光电子管厂	2M216J、2M216H
2M164	4.03.3	3.5	1300	日本东芝	—
2M167A	3.3	4.1	800	日本松下	—
2M189A	3.3	3.6	770	日本松下	—
2M186A	3.5	3.3	690	日本松下	—
2M205	3.3	3.7	530	日本东芝	—
2M210	3.5	4.1	900	日本松下	—
2M211	3.3	3.8	550	日本松下	—
2M172	3.3	4.0	870	日本东芝	—

续表

型　　号	灯丝电压/V	阳极电压/kV	输出功率/W	生产厂家	可直接代换的型号
2M214	3.3	4.1	870	日本三洋	—
2M217	3.3	3.9	580	日本三洋	—
2M218	3.3	4.0	900	日本三洋	—
2M219	3.3	4.0	900	韩国三星	—
2M226	3.3	4.1	900	日本东芝	—
2M229	3.5	4.0	850	韩国三星	—
2M246	3.15	4.35	1050	韩国三星	—
2M247	3.3	4.0	1050	日本三洋	—
2M249	3.3	3.9	580	日本三洋	—
2M257	3.8	4.5	1450	韩国三星	—
OM52	3.3	4.1	550	韩国三星	—
OM75	3.3	4.1	870	韩国三星	—

10.4　电脑型微波炉的结构及核心部件

10.4.1　电脑型微波炉的结构

LG 电脑型微波炉的结构如图 10-32 所示。

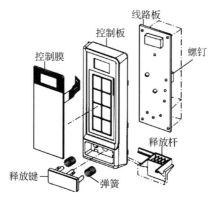

（a）控制面板部分爆炸图

图 10-32　LG 电脑型微波炉的结构

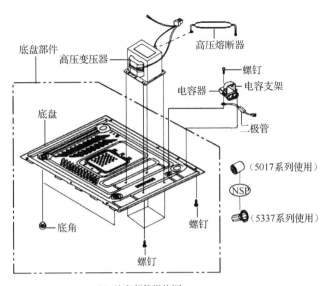

高压熔断器

底盘部件

高压变压器

螺钉

电容支架

电容器

底盘

二极管

（5017系列使用）

NSP

（5337系列使用）

底角

螺钉

螺钉

（b）地盘部件爆炸图

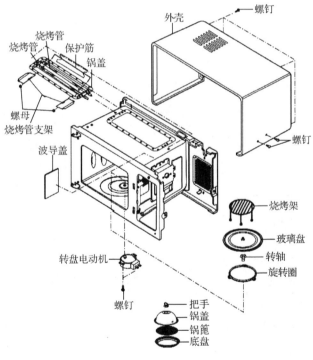

外壳

螺钉

烧烤管

烧烤管　保护筋

锅盖

螺母

烧烤管支架

波导盖

烧烤架

玻璃盘

转轴

旋转圈

转盘电动机

螺钉

把手

锅盖

锅篦

底盘

（c）炉体部件爆炸图

图 10-32　LG 电脑型微波炉的结构（续）

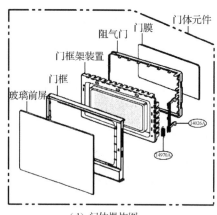

（d）门体爆炸图

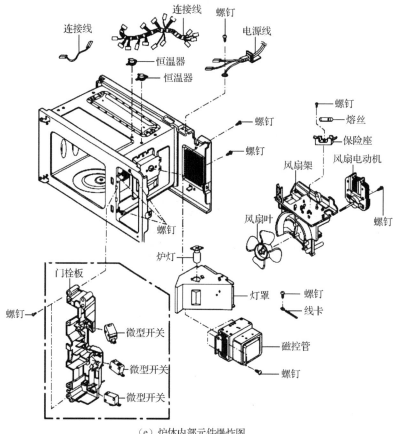

（e）炉体内部元件爆炸图

图 10-32　LG 电脑型微波炉的结构（续）

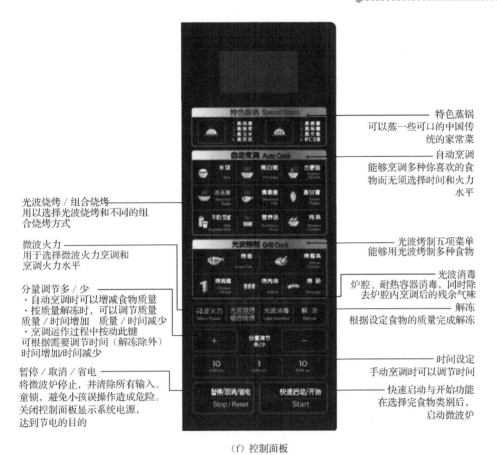

（f）控制面板

图 10-32　LG 电脑型微波炉的结构（续）

10.4.2　电脑型微波炉的方框图

电脑型微波炉的方框图如图 10-33 所示。

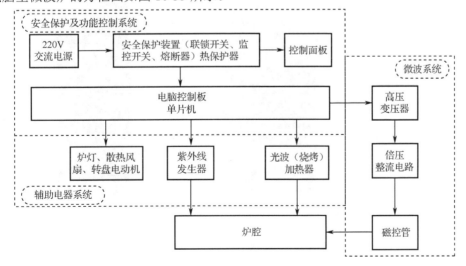

图 10-33　电脑型微波炉的方框图

10.4.3　电脑型微波炉核心部件

1. 控制线路板

电脑型微波炉与普及型微波炉的最大区别就是增加了一个控制线路板，用单片机来控制整个微波炉的工作状态，如图 10-34 是松下电脑型微波炉的控制线路板。图 10-35 是美的电脑型微波炉的控制线路板。

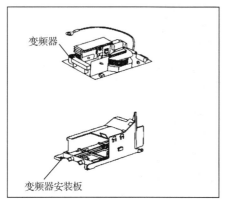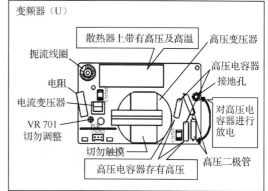

图 10-34　松下电脑型微波炉的控制线路板

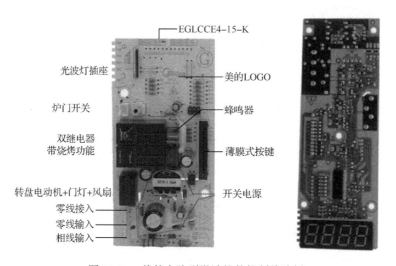

图 10-35　美的电脑型微波炉的控制线路板

2. 紫外线发生器

微波炉中的紫外线发生器大多数是紫外线杀菌灯，它能有效地发射大量具有卓越杀菌效果的 253.7nm 紫外线。紫外线发生器与普通照明用的荧光灯具有相似的结构和电学性能，其实物如图 10-36 所示。

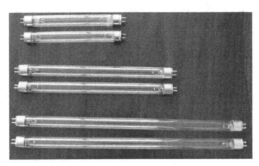

图 10-36　紫外线发生器实物图

3. 光波管

微波炉中的光波管通过光能转化为热能，实现了真正意义上的光波烤制。这种真正光波的烹饪方式的加热速度提高了，对食物的穿透性更强，不仅能让食物达到完美的烹饪效果，还具有强大的杀菌功效。光波管实物如图 10-37 所示。

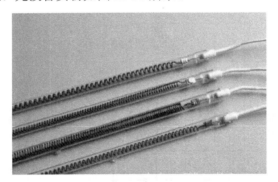

图 10-37　光波管实物图

10.5　电脑式微波炉的工作原理与检修

10.5.1　安宝路电脑式微波炉工作原理

1. 安宝路电脑式微波炉工作原理图

安宝路电脑式微波炉工作原理如图 10-38 所示。

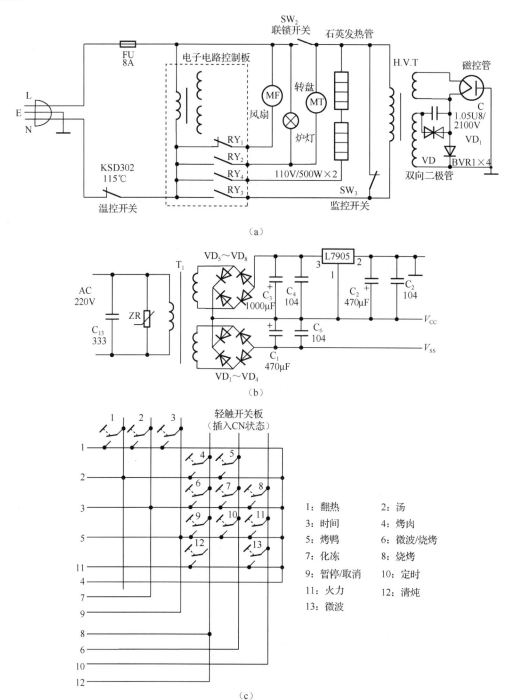

图 10-38　安宝路电脑式微波炉工作原理

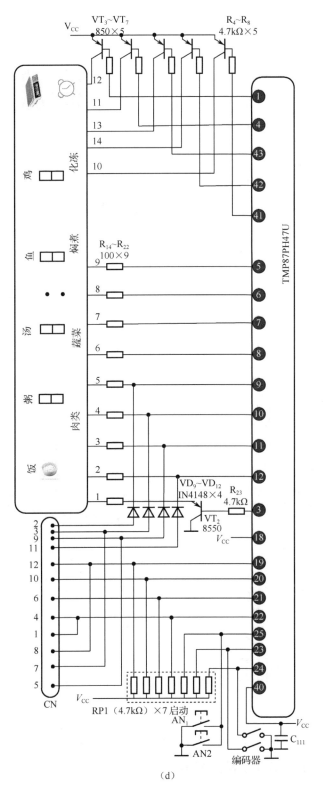

图 10-38 安宝路电脑式微波炉工作原理（续）

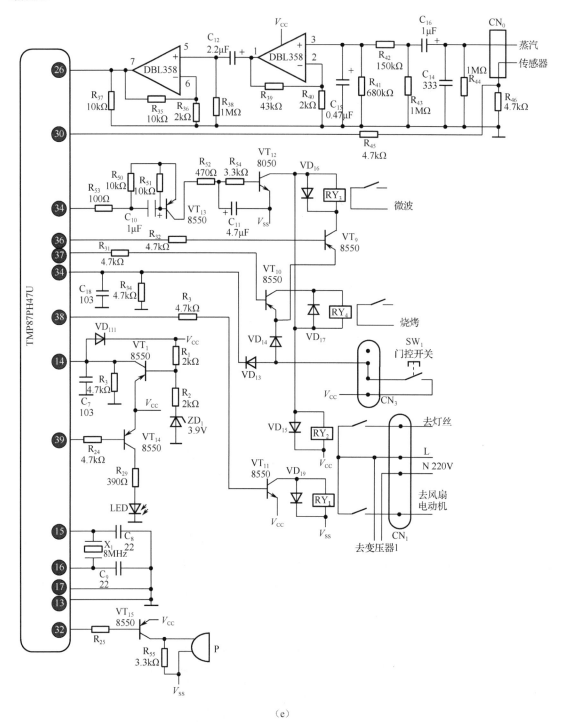

（e）

图 10-38　安宝路电脑式微波炉工作原理（续）

2. 单片机 TMP87PH47U 主要引脚功能

单片机 TMP87PH47U 主要引脚功能见表 10-4。

表 10-4　TMP87PH47U 主要引脚功能

引　脚	主　要　功　能	引　脚	主　要　功　能
1、3～8	显示屏驱动信号输出端	32	蜂鸣器驱动信号输出
9～12	显示屏驱动信号输出/操作信号输入	34	使能控制信号输出
13、17	地	36	微波控制信号输出
14	复位	37	烧烤控制信号输出
15、16	时钟	38	风扇电动机供电控制输出
18	供电	39	LED 控制信号输出
19～22	按键输入	40	供电
23～25	编码器信号输入	40～43	显示屏驱动信号输出
26、30	蒸汽传感器信号输入	44	炉门控制信号输入

3. 电源电路

电源电路如图 10-38（b）所示。

市电进入微波炉后送至变压器 T_1 的初级，初级并联有高频旁路电容 C_{13} 和压敏电阻 ZR。变压器的次级有 2 路输出，一路为 8V 低压交流电，经 VD_5～VD_8 整流，C_3 滤波、C_4 高频旁路，得到 8V 左右的直流电，再经过 L7905 稳压、C_2 滤波、C_5 高频旁路，得到 5V 直流电压，供给单片机、显示电路、传感器等；另一路为 12V 低压交流电，经 VD_1～VD_4 整流、C_1 滤波、C_6 高频旁路，得到-12V 左右的直流电，供给继电器等电路。

4. 单片机的工作条件

单片机工作条件电路原理如图 10-39 所示。

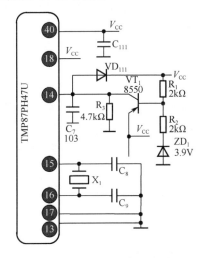

图 10-39　单片机工作条件电路原理

（1）电源供电

单片机的 18 脚为电源正极，13、17 脚为电源负极。

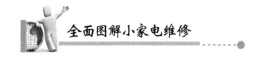

（2）复位

复位电路由单片机、三极管 VT_1、稳压二极管 ZD_1、电阻 R_1 和 R_2 等组成。

开机瞬间，由于 5V 电源电压一时无法达到 4.6V，VT_1 截止，为单片机的 14 脚通过低电平复位信号，使单片机的初始等电路复位。当 5V 供电电压超过 4.6V 后 VT_1 导通，其集电极输出的高电平电压加至单片机 14 脚后，其内部电路复位结束，开始工作。

（3）时钟振荡

单片机的 15、16 脚外接晶振 X_1 和移相电容 C_8、C_9，通过振荡产生 8MHz 的时钟信号。

5. 蜂鸣器报警电路

蜂鸣器报警电路如图 10-40 所示。

在每次操作微波炉时，单片机的 32 脚就输出蜂鸣器的驱动信号，经电阻 R_{25} 限流、VT_{15} 放大，驱动蜂鸣器报警提醒，提醒用户微波炉已经收到操作信号，并且依次控制是有序的。

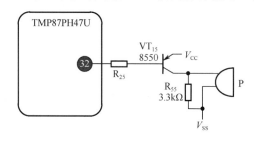

图 10-40　蜂鸣器报警电路

6. 键控输入电路

键控输入电路如图 10-38（c）和图 10-38（d）所示。轻触开关板通过插排 CN 与主电路板连接，插排的 2、3、9、11 脚通过隔离二极管 $VD_9 \sim VD_{12}$ 送至单片机的 5～8 脚，插排的 12、10、6、4、1、7、5、8 通过上拉电阻送至单片机的 19、20、21、22 脚，单片机内部识别后，开始按预定程序工作。

7. 时间、数字、功能显示电路

时间、数字、功能显示电路如图 10-38（d）所示。单片机的 5～12、3 脚输出驱动信号分别经电阻 $R_{14} \sim R_9$ 和 VT_2 送至显示屏的 9～1 脚，单片机的 1、4、41～43 脚输出的驱动信号分别经电阻 $R_4 \sim R_8$ 和三极管 $VT_3 \sim VT_7$ 作为显示屏的数字移相送至显示屏的 12、11、13、14、10 脚。

8. 炉门开关控制电路

炉门开关控制电路如图 10-38（a）和图 10-38（e）所示。当炉门关闭时，联锁机构使联锁开关 SW_1、SW_2 的触点接通，而使监控开关 SW_3 的触点断开。SW_2 触点接通后，接通转盘电动机、高压变压器、烧烤加热器的一个供电线路。SW_1 的触点接通后，一是 V_{CC} 通过 VD_{14} 为三极管 VT_{10}、VD_9 的发射极供电；二是通过 VD_{13} 为单片机的 44 脚提供高电平信号，被单片机检测后说明炉门已经关闭，控制微波炉进入待机状态。当打开炉门后，联锁开关 SW_1、SW_2 断开，不仅切断市电到转盘电动机、加热器、高压变压器的供电线路，而且使单片机的

44 脚电位变为低电平，单片机判断炉门已打开，不再输出微波或烧烤的加热信号，但 34 脚仍为输出控制信号，使放大器 VT_{12} 继续导通，为继电器 RY_2 的线圈供电，使得其触点吸合为炉灯供电，使炉灯发光点亮。

9. 加热控制电路

微波炉上电待机时，选择微波加热功能，在选择好时间后按下启动（开始）按键，被单片机识别后，单片机从内部存储器调出烹饪程序并控制显示屏显示时间，同时控制 36、38 脚输出低电平控制信号，38 脚输出的低电平控制电压通过 R_{30} 使三极管 VT_{11} 导通，为继电器 RY_1 的线圈供电，其触点闭合，为风扇电动机供电，风扇开始工作而进行散热；36 脚输出低电平信号通过 R_{32} 限流、使三极管 VT_9 导通，为继电器 RY_3 的线圈供电，其触点闭合，接通转盘电机和高压变压器初级绕组的供电，使转盘电动机旋转、高压变压器灯丝绕组和高压绕组输出交流电压。

10. 烧烤加热控制电路

按下烧烤键，被单片机识别后，单片机不仅控制 34 脚输出控制信号，还控制 37、38 脚输出低电平控制信号，不仅使风扇电动机和转盘电动机开始旋转，而且 37 脚输出的低电平控制信号通过 R_{31} 限流，使 VT_{10} 导通，为继电器 RY_4 的线圈供电，其触点闭合，接通烧烤加热的供电回路，使它开始发热而进行烧烤工作。

11. 过热保护

当磁控管工作出现异常使其表面温度超过 115℃时，过热保护的触点就断开，切断整机的供电线路，以实现过热保护。

12. 蒸汽自动检测电路

蒸汽自动检测的传感器是一个电陶瓷片，它安装在一个塑料盒中，这个塑料盒安装在蒸汽通道内。当炉内的水烧开后出现蒸汽，通过蒸汽传感器通道排出时，被传感器检测到并产生控制信号，该信号经 C_{16} 耦合、R_{42} 限流，再经运放 DBL358 放大，产生的控制信号加到单片机的 26 脚，单片机根据运算控制显示屏显示剩余时间和加热火力。

10.5.2　现场操作 33——安宝路电脑式微波炉的检修

故障现象 1：熔断器烧毁

故障原因分析：造成这种故障的主要原因是压敏电阻击穿、加热器异常、高压二极管和滤波电容短路、高压变压器短路、监控开关 SW_3 触点粘连、转盘电动机短路、风扇电动机短路、炉灯短路等。

检修方法与步骤如下。

第一步：电阻法初步检测判断。

用电阻法检测压敏电阻、高压二极管、滤波电容、炉灯电路、监控开关 SW_3 触点是否短路，若有损坏，则更换损坏元件。

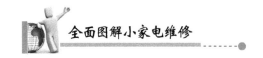

第二步：用代换法或脱开法检测疑难故障。

当短路不太明显或不知道实际元件参数时，就用代换法或脱开法检测高压变压器、转盘电动机、风扇电动机等。短路故障排除后，最后更换熔断器。

故障现象2：整机无任何反应，熔断器完好

故障原因分析：熔断器完好，说明整机不存在短路性故障，但该故障范围较大。

检修方法与步骤如下。

第一步：检测供电电源电压是否正常。

测量电源供电的5V、12V是否正常，若不正常，则故障在电源电路；若正常则故障在其后级。

第二步：检查过热保护电路（过热保护器）是否断路。

若过热保护器断路，更换之并检查其断路的原因。

第三步：检查单片机的三个工作条件。

单片机的18脚为电源正极，13、17脚为电源负极。对于复位电路主要应检查三极管VT_1、稳压二极管ZD_1、电阻R_1和R_2等。对于时钟振荡可采用更换晶振的方法试试。

第四步：单片机本身有问题。

单片机损坏的问题只能使用厂家写有程序的器件进行更换。

故障现象3：不加热，但烧烤正常

故障原因分析：该故障的主要原因有两个，一是磁控管或高压形成电路有问题，二是加热供电控制电路有问题。

检修方法与步骤如下。

第一步：检查高压变压器初级绕组是否有220V市电电压，若没有，检查继电器RY_3是否工作。若有则检查单片机及继电器供电线路。

检查单片机36脚是否有低电平输出，若没有，检查控制按键和单片机。若有，检查VT_9和R_{32}。

第二步：检测高压变压器次级绕组是否有3.3V灯丝电压和2000V高压。

若不正常，检测更换高压变压器。

若正常，检测高压电容和高压二极管。

最后检查更换磁控管。

故障现象4：显示屏显示正常，炉灯不亮也不加热

故障原因分析：显示屏正常，说明电源5V供电正常，单片机工作条件正常，该故障的主要原因有12V供电、启动电路、炉门检测电路、使能控制电路等异常。

检修方法与步骤如下。

第一步：检测12V供电。

测量12V电源电压，若正常，则故障在后级；若不正常，则检查该电源电路。

第二步：检测单片机44脚电平。

在关闭炉门的情况下，检测单片机的44脚是否有高电平，若没有高电平，则检查SW_1、电容C_{18}、二极管VD_{13}等；若有高电平则检查单片机的34脚是否有输出信号，若没有，则检

查启动按键和单片机。

第三步：检查使能信号。

若 34 脚有输出信号，则检查 VT_{12} 使能控制电路。

故障现象 5：可以加热，但不能烧烤

故障原因分析：这种故障的主要原因是烧烤加热器电路部分有异常。

检修方法与步骤：检测供电电压是否正常。

检测烧烤加热器两端 220V 市电是否正常，若正常，则为加热器断路（再用电阻法测量判断）；若不正常，则检查单片机的 31 脚电位是否为低电平，若不是，检查烧烤控制键和单片机；若正常，则检查 VT_{10} 和 RY_4 等。

故障现象 6：炉灯点亮正常，但不能加热和烧烤

故障原因分析：该故障主要原因是联锁开关 SW_2 和供电线路异常。

检修方法与步骤如下。

第一步：用万用表判断联锁开关 SW_2 是否损坏，若损坏，则可更换之。

第二步：检测供电线路。

可用电阻法或电压法检查供电线路。

第11章

其他小家电

11.1 按摩器

11.1.1 按摩器的分类

按摩器的分类如图 11-1 所示。

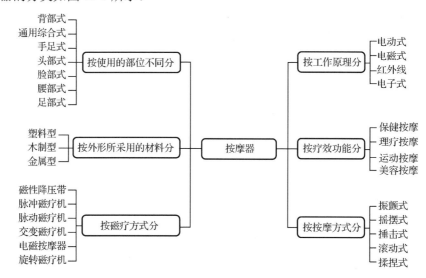

图 11-1　按摩器的分类

常见普通按摩器的外形结构如图 11-2 所示。

图 11-2　常见普通按摩器的外形结构

11.1.2 普及型按摩器工作原理

普及型按摩器工作原理如图 11-3 所示。

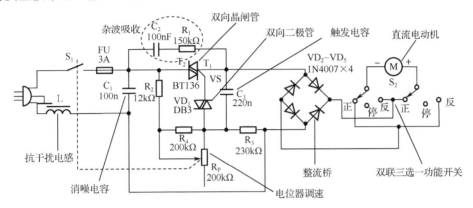

图 11-3 普及型按摩器工作原理

220V 市电经 R_1、R_4、RP、R_3 分压后为触发电容 C_3 充电，当 C_3 的电压达到触发二极管 VD_1 的转折电压（大约 32V）时，VD_1 导通并触发双向晶闸管 VS 导通，从而使整流桥 VD_2～VD_5 得电，市电经整流桥整流后得到脉冲直流电，供给直流电机工作，电动机带动偏心轮及小滚轮转动，以实现按摩操作。

调节 RP，可以改变 C_3 充电时间常数，即可改晶闸管的导通角，从而改变整流输出电压（60～120V），达到控制电动机转速的目的（50～150r/min）。选择 S_2 功能，可以实现停止、正转、反转。

11.1.3 普及型按摩器核心部件

1. 电位器

普及型按摩器中一般采用的是带开关电位器，其外形如图 11-4 所示。

图 11-4 带开关电位器外形图

2. 晶闸管

普及型按摩器中的晶闸管一般有两种，即小功率晶闸管和大功率晶闸管，其外形结构如图 11-5 所示。

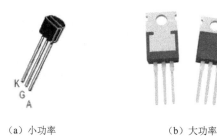

（a）小功率　　　　　　　　　　（b）大功率

图 11-5　晶闸管外形结构

3. 功能选择开关

普及型按摩器中的功能选择开关一般采用的是多刀多掷，其外形结构如图 11-6 所示。

图 11-6　功能选择开关外形结构

4. 直流电动机

普及型按摩器中的直流电动机外形结构如图 11-7 所示。

图 11-7　直流电动机外形结构

11.1.4　现场操作 34——普及型按摩器的检修

故障现象 1：熔断器熔断

故障原因分析：主要原因可能是消噪电容 C_1 被击穿。

检修方法与步骤：更换该电容。原机电容耐压为 250V，更换时可采用耐压 630V 的涤纶电容。

故障现象 2：电动机不工作

故障原因分析：电动机不工作的原因较多，如电源线有折断现象；调速电位器损坏；电源开关 S_1 和功能选择开关 S_2 损坏；晶闸管 VS、电动机 M、整流桥等断路损坏；C_3 失容或断路；触发电路 R_2、R_3、R_4 断路或虚焊等。

检修方法与步骤如下。

第一步：观察法。采用观察法先初步判断电路有无断线、虚焊、烧焦等现象，若没有这些现象，就继续检查。

第二步：关键点电压法。

上电开机用电压法继续检测。关键点选择如下：C_1 两端（220V 市电），C_3 两端触发电压（30V 以下），整流桥输入端（一般电压为 65～120V），整流桥输出端，电动机两端。

电压法确定故障范围后，再进一步检修。这时候也可以采用电阻法，更换损坏的元器件。

故障现象 3：电动机运转无力

故障原因分析：最大可能是电动机老化。

检修方法与步骤：更换电动机。

故障现象 4：高速运转，不能调速

故障原因分析：故障原因多是双向晶闸管 VS 击穿短路。

检修方法与步骤：更换晶闸管即可。

故障现象 5：功能选择只有一种工作

故障原因分析：能正转或能反转，说明电源及整流桥以后的电路基本正常，一般是功能选择开关 S_2 损坏。

检修方法与步骤：更换开关 S_2。

11.2　吸尘器

11.2.1　吸尘器的分类

吸尘器的分类如图 11-8 所示。

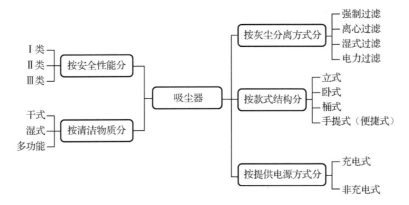

图 11-8　吸尘器的分类

常见家用吸尘器的外形结构如图 11-9 所示。

图 11-9　常见家用吸尘器的外形结构

11.2.2　吸尘器的命名方式

吸尘器的命名方式如图 11-10 所示。

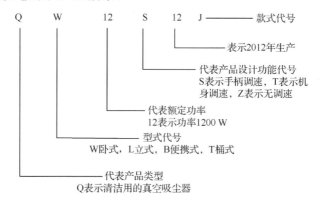

图 11-10　吸尘器的命名方式

11.2.3　吸尘器的爆炸图

吸尘器的爆炸图如图 11-11 所示。

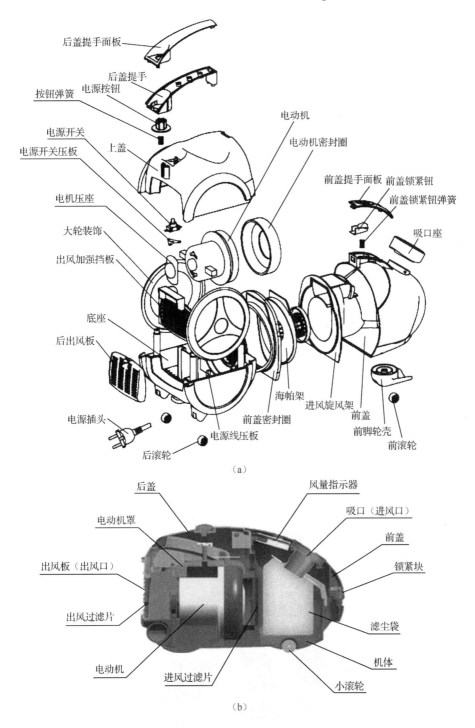

后盖提手面板
后盖提手
按钮弹簧 电源按钮
电源开关
电源开关压板
电机压座
大轮装饰
出风加强挡板
底座
后出风板
电源插头
电源线压板
后滚轮
上盖
电动机
电动机密封圈
前盖提手面板 前盖锁紧钮
前盖锁紧钮弹簧
吸口座
海帕架
前盖密封圈
进风旋风架
前盖
前脚轮壳
前滚轮

（a）

后盖
电动机罩
出风板（出风口）
出风过滤片
电动机
进风过滤片
风量指示器
吸口（进风口）
前盖
锁紧块
滤尘袋
机体
小滚轮

（b）

图 11-11 吸尘器的爆炸图

11.2.4 普通无调速吸尘器的工作原理

无调速功能的吸尘器电路较简单，其工作原理如图 11-12 所示，主要由串励电动机、电源开关、通电触点结构和电源线等组成。

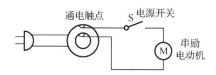

图 11-12　无调速功能吸尘器电路原理图

插头插入插座，打开电源开关，市电经电源线、通电触点结构，使串励电动机得到 220V 的电压，驱动风机进入吸尘工作状态。断电，吸尘器便停止工作。

吸尘器能除尘，主要在于它的"头部"装有一个电动抽风机。抽风机的转轴上有风叶轮，通电后，抽风机会以高转速产生极强的吸力和压力，在吸力和压力的作用下，空气高速排出，而风机前端吸尘部分的空气不断地补充风机中的空气，致使吸尘器内部产生瞬时真空，和外界大气压形成负压差，在此压差的作用下，吸入含灰尘的空气。灰尘等杂物依次通过地毯或地板刷、长接管、弯管、软管、软管接头进入滤尘袋，灰尘等杂物滞留在滤尘袋内，空气经过滤片净化后，由机体尾部排出。因气体经过电动机时被加热，所以吸尘器尾部排出的气体是热的。

吸尘器的吸尘桶内装有一个收集灰尘的盒子，尘垢便留在集尘盒里，盒子装满后，可取出用水刷洗清理。吸尘器配上不同的部件，可以完成不同的清洁工作，如配上地板刷可清洁地面；配上扁毛刷可清洁沙发面、床单、窗帘等；配上小吸嘴可清除小角落和一些家庭器具内的尘埃、尘垢。

11.2.5　普通无调速吸尘器核心部件解说

吸尘器由起尘系统、吸尘通道、电动机室、积尘室、自动盘线机构、消声部件和积灰指示器组成。

1. 起尘系统

起尘系统就是地板刷、家具刷和扁刷等。常见的几种起尘系统如图 11-13 所示。

图 11-13　常见的几种起尘系统

2. 吸尘通道

吸尘通道由加长管、调风手柄、软管及软管接头等组成，其作用为连接起尘系统与积尘室。吸尘通道结构外形如图 11-14 所示。

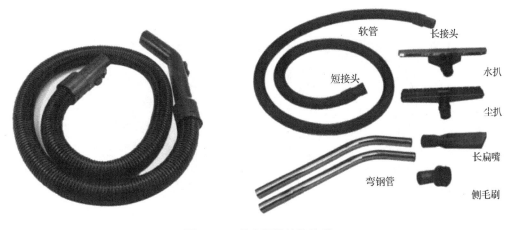

图 11-14　吸尘通道结构外形

吸尘器附件包括吸尘软管、加长管、吸嘴等。吸尘软管连接于吸嘴和吸尘器之间，一般用塑料或橡胶辅以补强材料制成。加长管是连接于吸嘴和吸尘软管之间的硬质管子，用以增强吸嘴的工作高度或弯曲于某一方向且可兼扶手作用。吸嘴是真空吸尘器的工作头，按使用的需要，做成地毯用、硬质地板用、夹缝用、衣物用等各种形式。

3. 电动机室

电动机室用来产生负压，为吸尘提供吸力。由电动机、支撑架、密封圈、外壳等组成。对一般的卧式机来说，积尘室和电动机室通常是做成一体的，称为主机。

吸尘器通常采用的电动机为单相交直流两用串励式电动机。这种电动机在工频电压下旋转速度高，转速可达 20 000～28 000r/min，体积小、起动转矩大、速度可调且机械特性软，转速能随负载转矩而变化，因而，很适合吸尘器的工作特点。吸尘器电动机外形如图 11-15 所示。

图 11-15　吸尘器电动机外形图

吸尘器上多采用离心式的风机，是产生负压的重要部件，通常它与电动机装配在一起。风机主要由叶轮、蜗壳、导轮和外罩等组成，如图 11-16 所示。

电动机通电后，直接带动风机叶轮高速旋转，叶轮中心处的空气因离心力的作用，被甩向叶轮边缘，叶轮中心处接近真空状态，形成压差。外部空气在压差作用下，不断地流入叶轮中心处，并在导轮中将一部分动能变成静压能，然后流入电动机经出口压出。空气流过电动机时，还可起到冷却作用。

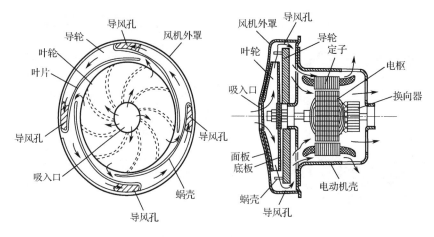

图 11-16 风机的结构

串励式电机刷握的结构形式有两种，盒式和管式，如图 11-17 所示。刷握由电刷、电刷架、电刷座、弹簧等组成。刷握的结构应保证电刷在换向器上有准确的位置，能正常工作。弹簧的作用是保证电刷径向有一定的压力，以使电刷在准确的位置上与换向器保持紧密的接触，从而使接触电压保持恒定。

（a）盒式刷握和弹簧

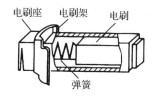

（b）管式刷握和电刷

图 11-17 刷握的结构形式

4. 积尘室

积尘室一般由壳体的一部分担任，也有的采用独立部件。它是将滤尘器阻挡的灰尘存放聚集在一起，待吸尘器使用完毕，再将灰尘倒出。

滤尘器是过滤气流中的尘埃的装置，其滤网、绒布或滤纸等材料大多嵌装在骨架上，滤尘器的结构一般为纸袋式、布袋式和尼龙式等。使用时，滤尘袋上的积灰应定期进行清理，以免造成堵塞而影响吸尘效率。滤网结构外形如图 11-18 所示。

（a）海帕

（b）滤网

图 11-18　滤网结构外形

5. 自动盘线机构

自动盘线机构主要作用是把工作时拉出的电源线收盘在机壳内，一般安装在立式吸尘器的上部和卧式吸尘器的尾部或底部。按钮式自动盘线机构如图 11-19 所示，主要由盘线轮、摩擦轮、发条、制动轮和盘线按钮等组成。

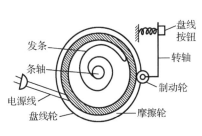
（a）自动盘线机构

（b）发条

图 11-19　按钮式自动盘线机构

自动盘线机构的动力源是发条。发条在自然状态下呈"S"形，置于摩擦轮的内部，其内钩钩在条轴上，外钩钩于摩擦轮的内壁。电源线拉出时，带动盘线轮转动，将发条上旋。使用时，因制动轮压紧摩擦轮，阻止盘线轮反转。收线时，只要按下盘线按钮，制动轮即松开摩擦轮，盘线轮便在发条的驱动下反向旋转，将电源线收盘到盘线轮上。

电源线尾部焊接在盘线轮上的两个弹簧片触点上，再由弹簧片触点与两固定铜环通电片接触，两铜环通电片与开关、电机接通。这样使盘线轮在旋转时始终与铜环通电片接触而接通电源。通电触点结构及盘线器如图 11-20 所示。

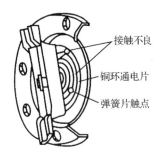

图 11-20　通电触点结构及盘线器

6. 消声部件

消声部件是为降低工作时噪声而设置的，主要是在吸尘器机壳架及出风口设置吸声材料，

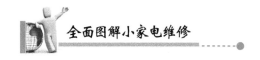

在电动机外圈设置吸声材料。一般多选用聚氨酯泡沫塑料、玻璃棉等。

7. 积灰指示器

积灰指示器主要用来指示集尘室的满尘情况。积灰指示器的结构如图 11-21 所示，由指示管、气塞、压簧等组成。吸尘器在工作正常时指示器不动作，气塞被压簧稳定在一边。当集尘埃过多以及附件被堵塞或滤尘器微孔被灰尘堵塞时，指示器的指示管内负压发生变化，气塞压缩弹簧位移到满尘区域（一般用红色标志）。此时应立即清除积尘室内的尘埃及脏污和滤尘器上的积尘，疏通附件管道内的阻塞物。

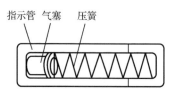

图 11-21 积灰指示器结构图

11.2.6 普通调速吸尘器的工作原理

普通调速吸尘器的工作原理如图 11-22 所示。

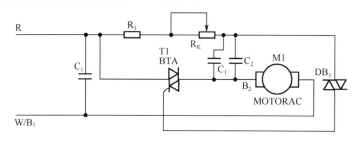

图 11-22 普通调速吸尘器的工作原理图

打开开关当进行调速（PK）时，改变电位器的阻值，即改变了电容（C_1、C_2）的充放电时间常数，导致双向晶闸管控制极的触发电压改变，即改变它的导通角度，从而改变了电动机的运转速度，达到了无级调速的目的。

11.2.7 现场操作 35——常见吸尘器的检修

故障现象 1：开机后不启动工作

故障原因分析：这种故障现象的原因较多，主要在电路方面。
检修方法与步骤如下。
第一步：检查电源熔断器是否熔断，如发现熔断，在排除短路的情况下更换熔断器。
第二步：检查电源插头、电源线。
电源丝断货电源线插头的接线端接线松落，应调换新的电源线及焊接好插头。
第三步：检查电源总开关。
电源总开关出现接触不良或损坏，更换之。

第四步：检查自动卷线机构。

有时卷线机构上的弹簧片触点与铜环接触片没有接触或接触不良，会形成电路不通。应拆卸自动卷线机构，经弹簧片触点整形或更换之，使其与铜环通电片保持良好的接触。

第五步：检测电动机两端电压或电阻。

电动机两端无电压，说明前级供电线路有问题；若两端电压正常或电阻值为无穷大，说明电动机有问题。引起电动机断路的原因有以下两种。

（1）电刷与整流子未接触，此故障又有两种可能，一是电刷与电刷座配合太紧，电刷变形会使电刷磨损后碳粉进入电刷座内，影响了电刷的正常滑动；二是长期使用后，电刷已经磨损到最低限度，使电刷不能接触到整流子表面，造成断路，这时应更换性电刷。

（2）电枢绕组或定子绕组断路。正常情况下，这种情况不会发生，这个情况多数是由于使用过程中，温升过高引起的绕组烧毁。烧毁后外观是有烧焦痕迹的，可直接更换电动机。

故障现象2：电路通，但不能启动运行

故障原因分析：主要故障原因有滤尘带破损、电动机轴承损坏、电源低、绕组有短路现象等。

检修方法与步骤如下。

第一步：检查滤尘带是否有破损现象。

由于滤尘带或滤尘器有破损，使杂物吸入风叶或磁极与电枢的气隙间，电动机被卡住，使吸尘器不能启动运行。应清理杂物，更换滤尘带。

第二步：检查电动机轴承。

轴承损坏或尘埃进入轴承孔，使轴承过紧而卡住电枢转动。更换轴承或电动机。

第三步：检查电源电压。

若电源电压过低，则停止使用，待电源电压恢复正常后再使用。

第四步：检查电枢位置是否正常。

电枢位置不在中心线上，使整流子工作不正常。应调整电刷的位置。

第五步：检查电动机。

对于电动机绕组有短路现象的，一般是更换电动机。

故障现象3：出风温度过高，电动机温升过高

故障原因分析：出风温度过高，一般是电动机温升过高造成的。可能原因有电源电压过高、电刷移位、管道堵塞等。

检修方法与步骤如下。

第一步：检查电源电压。

电源电压若过高，应暂时停用。

第二步：检查是否移位电刷。

若电刷移位，更换电刷，同时紧固电刷架的螺钉。

第三步：检查是否有短路现象。

电动机回路有短路、接地，会导致电动机发热。更换或维修电动机。

第四步：检查是否是换向不良。

电刷与整流子之间发生强烈的火花，这是换向不良的现象，当火花超过一定限度时，必

将引起电枢绕组、整流子发热。无法维修时，更换电动机。

第五步：检查管道附件和工作吸头有堵塞现象。

清理管道或更换管道、吸头。

第六步：检查积尘室。

积尘室尘埃已满或长期使用后滤尘器微孔堵塞，使风量大大减少，电动机冷却不够。应及时清理尘埃，排除堵塞。

第七步：检查电动机室内部密封性能。

电动机室内部密封不良或电动机室与底座密封不良，导致电机热风再次进入吸风口引起吸尘器回风，引起电动机温升过高。检查是否是壳体材料变形或变质，重新装配或更换相应的配件。

故障现象4：吸力下降

故障原因分析：从吸头部位到电机排气口的通风管路堵塞；吸头与连接管道连接处松动，风道漏风；储尘袋安装不良、破损或内装灰尘过多；电动机转速变慢等。

检修方法与步骤如下。

第一步：检查从吸头部位到电动机排气口所有的通风管路是否堵塞；检查吸头与连接管道连接处是否松动，造成风道漏风；检查储尘袋安装是否正确、是否破损或内装灰尘过多。对以上故障逐一排查、修复。

第二步：判断是否为电动机转速变慢而使吸力压差变小。

导致电动机转速变慢的主要原因有碳刷与换向器接触不良，更换新的碳刷即可排除故障；其次为电动机老化、机械性严重磨损、绕组有短路现象等，在维修不太理想的情况下，可更换新电动机。

故障现象5：电源线不能拉出或收回

故障原因分析：主要原因有发条断裂损坏，或内、外钩脱开；盘线按钮的压缩弹簧损坏或弹力不足、或连杆不灵活、或制动轮被卡住，造成电源线拉出后不能制动，又被拉回壳体里；盘线筒同壳体相摩擦，或按下盘线按钮后制动轮不能离开摩擦轮，造成电源线不能收回；安装盘线筒时，预先顺时针旋转盘线筒的圈数过多，造成电源线不能完全拉出；安装盘线筒时，未预先顺时针旋转盘线筒3～4圈，造成电源线不能完全收回；盘线筒变形严重、受阻或卡死等。

检修方法与步骤：检修时，应拆开吸尘器后壳，仔细观察、分析故障形成的原因，采取相应的维修措施，必要时，用同型号的配件进行替换。

第12章

图纸资料

12.1 电磁炉图纸

1. 美的电磁炉 TM-S1-01A 电路原理图

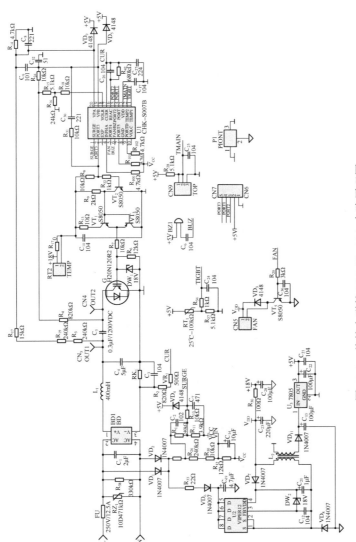

图 12-1 美的电磁炉 TM-S1-01A 电路原理图

2. 美的电磁炉 7M-A11（M-QF808）——SH209 电路原理图

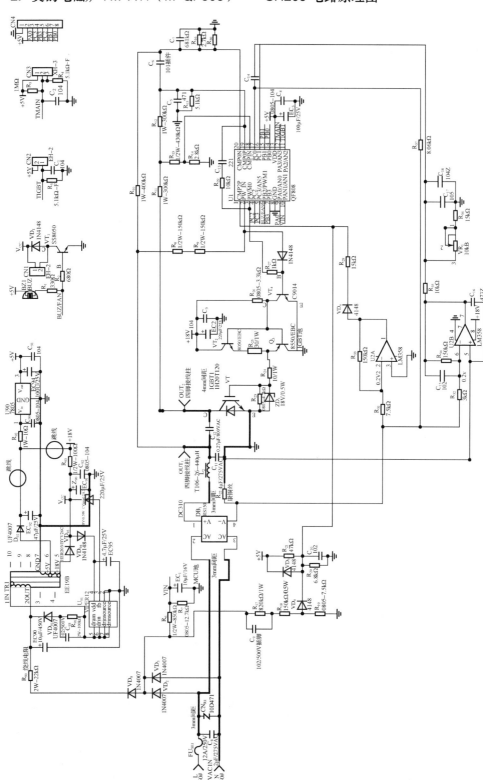

图 12-2 美的电磁炉 7M-A11（M-QF808）——SH209 电路原理图

3. 九阳 JYC19AS3 电磁炉主板版号 JYC-19POWER 图纸

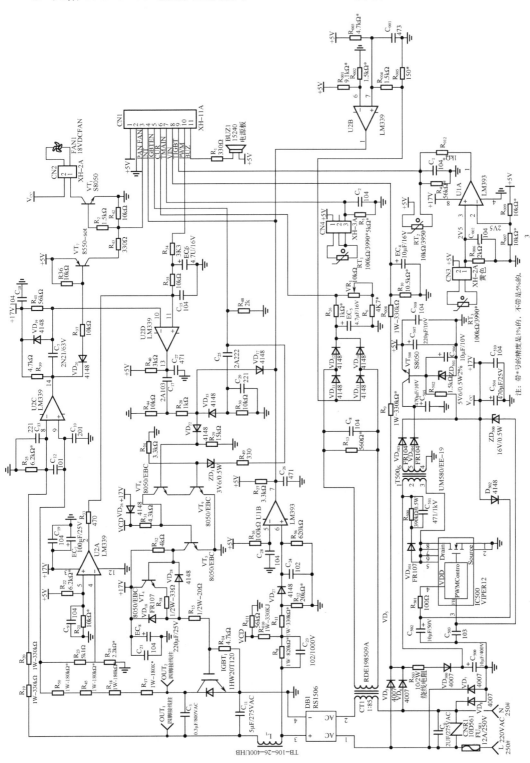

图12-3 九阳 JYC19AS3 电磁炉主板版号 JYC-19POWER 图纸

注：带*号的精度是1%的，不带是5%的。

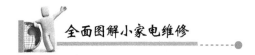
12.2 豆浆机图纸

1. 九阳 JYDZ-8 电脑型豆浆机原理图

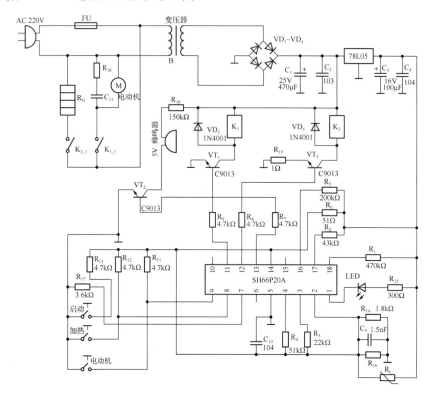

图 12-4　九阳 JYDZ-8 电脑型豆浆机原理图

2. 九阳之星 SJ-800A 型豆浆机电路图

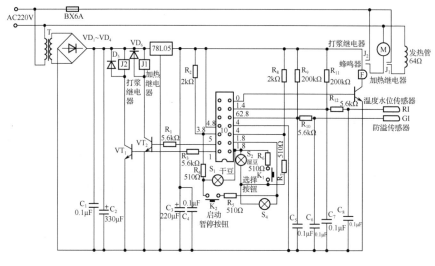

图 12-5　九阳之星 SJ-800A 型豆浆机电路图

3. 美的豆浆机电路图

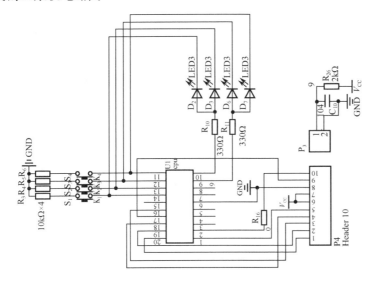

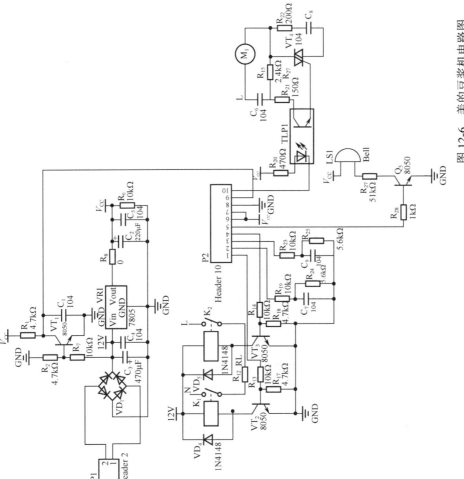

图 12-6 美的豆浆机电路图

4. 九阳JYD-8豆浆机电路图

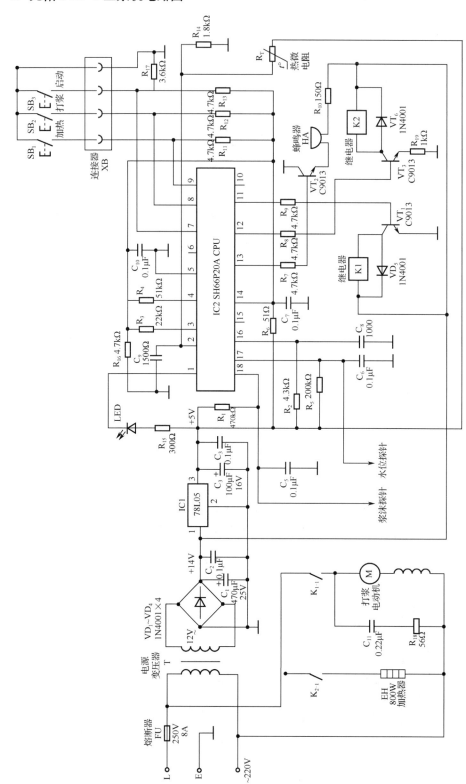

图12-7 九阳JYD-8豆浆机电路图

12.3 电饭锅原理图

1. 荣升 CFXB50-90DA 自动电饭锅原理图

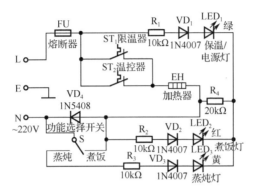

图 12-8 荣升 CFXB50-90DA 自动电饭锅原理图

2. 美的电脑式电饭煲控制板电路图

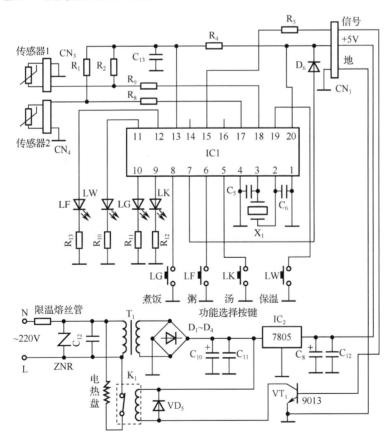

图 12-9 美的电脑式电饭煲控制板电路图

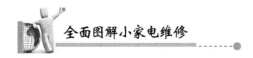

3. 美的 MB-YCB 电脑式电饭煲控制板电路图

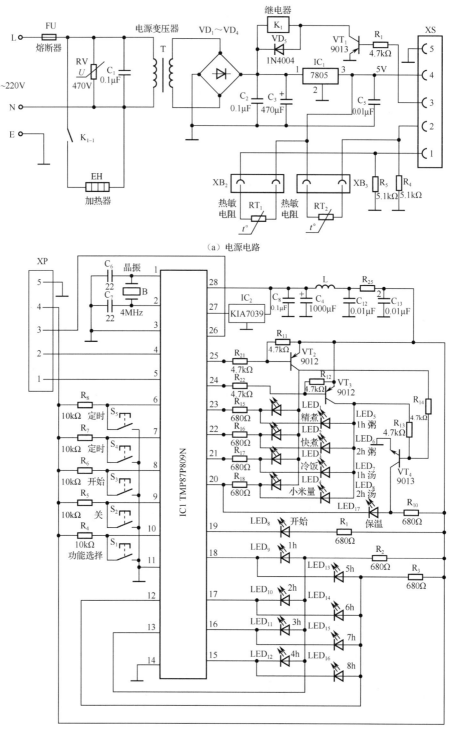

图 12-10 美的 MB-YCB 电脑式电饭煲控制板电路图

13.4 饮水机原理图

1. 沁园 QY03-1ATG 饮水机原理图

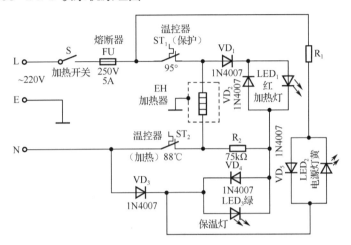

图 12-11 沁园 QY03-1ATG 饮水机原理图

2. 安吉尔 YLR07-5-X 型饮水机原理图

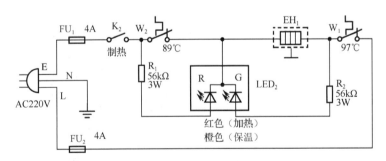

图 12-12 安吉尔 YLR07-5-X 型饮水机原理图

3. 家乐仕电脑控制饮水机原理图

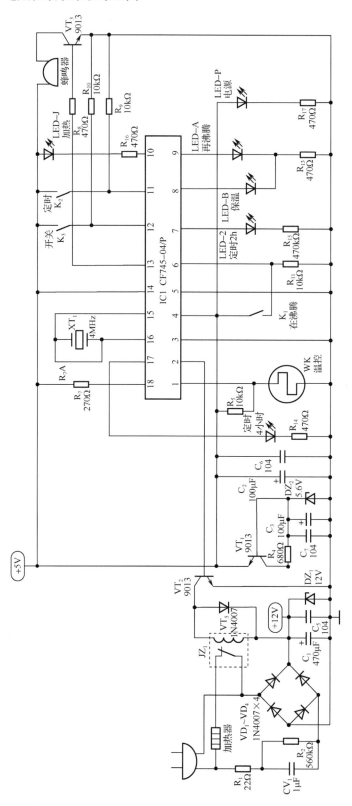

图12-13　家乐仕电脑控制饮水机原理图

12.5　电风扇原理图

1. 格力机械控制型 KYSK-30 电扇电路原理图

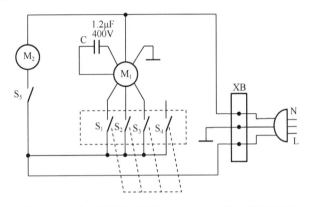

图 12-14　格力机械控制型 KYSK-30 电扇电路原理图

2. 富士宝 FS40-E8A 遥控落地扇电路原理图

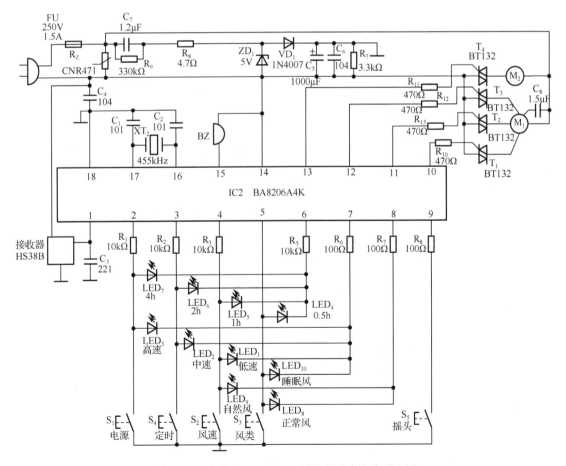

图 12-15　富士宝 FS40-E8A 遥控落地扇电路原理图

3. AK3 型换气扇电路原理图

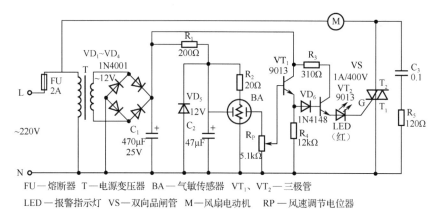

FU—熔断器　T—电源变压器　BA—气敏传感器　VT₁、VT₂—三极管

LED—报警指示灯　VS—双向晶闸管　M—风扇电动机　RP—风速调节电位器

图 12-16　AK3 型换气扇电路原理图

4. 格力 KYTA-30A 电脑控制转叶电扇原理图

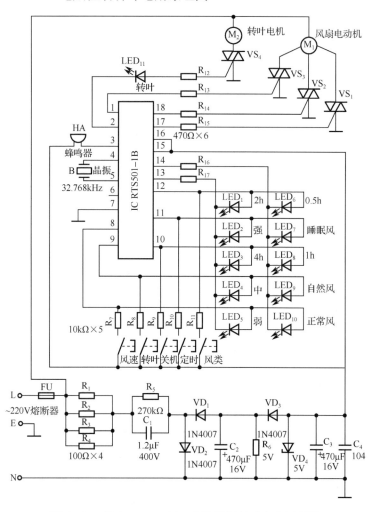

图 12-17　格力 KYTA-30A 电脑控制转叶电扇原理图

参考文献

1. 王学屯. 常用小家电原理与维修技巧. 北京：电子工业出版社，2009.

2. 王学屯. 图解小家电维修. 北京：电子工业出版社，2014.

3. 王学屯. 新手学修小家电. 北京：电子工业出版社，2011.

4. 王学屯. 边学边修小家电. 北京：电子工业出版社，2016.

5. 赵广林. AV功放机实用单元电路原理与维修图说. 北京：电子工业出版社，2010.

6. 郑全法. 小家电维修就学这些. 北京：化学工业出版社，2016.

7. 张伯虎. 轻松掌握小家电维修技能. 北京：化学工业出版社，2014.

8. 郭立祥，等. 图解小家电维修快速精通. 北京：化学工业出版社，2012.

9. 阳鸿钧，等. 小家电维修看图动手全能修. 北京：机械工业出版社，2015.

10. 梁宗裕，等. 新型小家电维修电路图册. 北京：化学工业出版社，2008.

反侵权盗版声明

电子工业出版社依法对本作品享有专有出版权。任何未经权利人书面许可，复制、销售或通过信息网络传播本作品的行为，歪曲、篡改、剽窃本作品的行为，均违反《中华人民共和国著作权法》，其行为人应承担相应的民事责任和行政责任，构成犯罪的，将被依法追究刑事责任。

为了维护市场秩序，保护权利人的合法权益，我社将依法查处和打击侵权盗版的单位和个人。欢迎社会各界人士积极举报侵权盗版行为，本社将奖励举报有功人员，并保证举报人的信息不被泄露。

举报电话：（010）88254396；（010）88258888

传　　真：（010）88254397

E-mail：　dbqq@phei.com.cn

通信地址：北京市海淀区万寿路 173 信箱

　　　　　电子工业出版社总编办公室

邮　　编：100036